加强脱氮型人工快速渗滤系统污染物去除性能和机理

许文来　潘志成　费功全　李　勇　唐　敏／著

四川大学出版社

项目策划：许　奕
责任编辑：唐　飞
责任校对：王　锋
封面设计：墨创文化
责任印制：王　炜

图书在版编目（CIP）数据

加强脱氮型人工快速渗滤系统污染物去除性能和机理／
许文来等著． -- 成都：四川大学出版社，2019.6
　　ISBN 978-7-5690-2867-6

　　Ⅰ．①加… Ⅱ．①许… Ⅲ．①污水处理－研究 Ⅳ.
① X703

中国版本图书馆 CIP 数据核字（2019）第 078885 号

书名　　加强脱氮型人工快速渗滤系统污染物去除性能和机理

著　　者	许文来　潘志成　费功全　李　勇　唐　敏
出　　版	四川大学出版社
地　　址	成都市一环路南一段 24 号（610065）
发　　行	四川大学出版社
书　　号	ISBN 978-7-5690-2867-6
印前制作	四川胜翔数码印务设计有限公司
印　　刷	四川五洲彩印有限责任公司
成品尺寸	148mm×210mm
印　　张	3
字　　数	76 千字
版　　次	2019 年 10 月第 1 版
印　　次	2019 年 10 月第 1 次印刷
定　　价	20.00 元

扫码加入读者圈

◈ 读者邮购本书，请与本社发行科联系。
　 电话：(028)85408408/(028)85401670/
　 (028)86408023　邮政编码：610065
◈ 本社图书如有印装质量问题，请寄回出版社调换。
◈ 网址：http://press.scu.edu.cn

四川大学出版社
微信公众号

前　言

　　人工快速渗滤系统是基于传统污水土地处理技术发展起来的一种新的污水处理系统，它通过人工配置具备良好渗滤性能的填料代替天然土地土壤，继承了传统污水土地处理技术的优点，对 NH_4^+-N、COD、SS 等有良好的去除效果，大大增强了水力负荷，提高了污水处理效率，但是对 TN、TP 的去除效果不理想。

　　为提高 CRI 系统的 TN 去除效果，本书首先建立传统人工快速渗滤系统，研究其在不同浓度、不同粒径渗滤介质条件下的处理效果，以及其去除 TN 的效果与污染物浓度、多孔介质孔隙大小之间的影响关系，并在此基础上探索厌氧环境与有机碳源对反硝化作用的影响；同时通过设置厌氧段、添加有机碳源，寻找利于反硝化作用适宜的条件，以研究对传统人工快速渗滤系统的改进，主要包括以下三种方式。

　　（1）改变污水处理流程，让污水预先渗滤厌氧段，截留有机碳源，出水经过硝化作用后再回流入厌氧段进行反硝化。实验发现，在此污水处理流程下，经硝化作用后回流的 NO_3^--N 在厌氧段被反硝化去除，但有部分氨氮由于介质的吸附作用不能进入好氧流程而得不到去除，其总氮去除率

1

为 56.61%，而氨氮去除率降低，仅为 57.31%，以轮胎颗粒作为厌氧段介质后，氨氮、总氮去除率得到提高，总氮去除率为 69.05% ～ 71.84%，氨氮去除率为 68.41% ～ 72.09%。如何降低厌氧段对氨氮的吸附成为提高去除效果的关键。

（2）设置 U 形水槽限制空气交换量发现，减少空气进入量可抑制硝化作用，在适宜条件下可积累亚硝酸盐，实现短程硝化，而随着亚硝酸氧化菌适应低氧环境以及反硝化作用的增强，亚硝酸盐积累率降低，在适宜空气交换量比下，系统总氮去除率提高。

（3）将高硝氮出水与原水混合反硝化研究发现，部分氨氮在厌氧段被去除，反硝化过程不存在部分厌氧氨氧化作用，研究如何抑制亚硝酸盐向氮气的还原，可实现反硝化过程中的亚硝酸盐积累，增强厌氧氨氧化作用，简化除氮工艺。

由于著者水平有限，本书错漏之处在所难免，望广大读者指正。

著 者

2019 年 4 月

目　录

第1章　引言

1.1　人工快速渗滤系统概述

随着我国农村地区经济的快速发展，中小型城镇规模日渐扩大。随着物质生活水平的提高，生活污水导致的地下水污染日益严重，尤其是在一些小镇上，人口集中又缺乏规划，大量生活污水被直接排到环境中，对周边生态、地表水、地下水环境造成巨大的危害，严重影响用水安全。由于长期疏于治理、缺少资金、环境安全意识淡薄，导致许多地区垃圾就近倾倒、污水就地排放，许多河流被垃圾填满，成为生活、生产污水的排水道，自然水体遭受极大污染，原本生态系统被严重破坏，给环境带来极其恶劣的影响。

目前，我国城市化进程的提速及人口数量的激增，使传统的集中式污水处理系统已经远远不能满足中小城镇的污水处理需求；同时大多数的村镇分散式生活区因为远离市政排水管网，难以将污水集中输送到城市污水处理厂进行处理。而这些分散的生活污水未经任何处理直接排放至周边河湖、水库、湖泊等受纳水体，必然会导致水体的污染，使生态环境与人类的健康受到严重威胁（郭永龙，2004）。

由于农村地理位置的特殊性，使其距离城市污水处理厂较远，而污水的长距离输送不仅会增加其处理费用，而且输送管道的渗漏还会导致地下水的污染。因此，选择一种可处理分散式污水的技术并加以利用，是解决目前农村生活污水面广量大问题的最佳决策（王军，2010）。我国现有的城市污水处理工艺，如 A^2/O、氧化沟、SBR、UNITANK 等，虽然都有良好的污水处理效果，但由于其投资大、运行成本高、操作管理复杂，并不适合农村分散式生活污水的处理。

针对小城镇生活污水和受污染地表水的污水处理技术——人工快速渗滤系统（Constructed Rapid Infiltration System，简称 CRI 系统）是中国地质大学（北京）的钟佐燊教授在快渗（RI）系统基础上建立的一种新的污水生态处理方法。它主要由格栅池、预沉池、快渗池和出水系统等组成。快渗池中填充一定高度的人工滤料，采用干湿交替的运转方式进行污水处理，水力负荷周期较短，即频繁淹水频繁落干，水力负荷为 1.0~1.5 m/d。CRI 系统通过渗滤介质及介质上的微生物对水中污染物的吸附、截留与分解，实现对废水的净化，其独特的结构及干湿交替的进水方式，使得渗滤介质表面的微生物菌相十分丰富，且渗滤介质具有好氧、兼氧、厌氧的作用，并具有较好的废水处理效果。

1.2 CRI 系统的运行机制、优点和缺点

1.2.1 CRI 系统的运行机制

CRI 系统的运行原理大致可表示为：①污水下渗，渗透

介质吸附、截留污染物，同时孔隙被填满；②水面下落，空气重新进入介质孔隙，系统复氧，在好氧环境下氧化污染物，转化为可溶物；③污水又一次下渗，可溶氧化物被冲走，并完成新一轮吸附与截留。如此循环，其流程如图 1.1 所示。

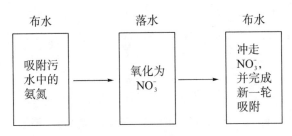

图 1.1 CRI 系统去氨氮流程图

CRI 系统多孔介质在布水期间吸附污染物，达成初步的物理去除，而在落干期间，孔隙内会潮湿而充满空气，微生物十分活跃，好氧菌将氮素、有机质氧化分解转化为易溶盐，在下次布水期间，易溶盐随水冲走，而氨氮、有机质等又完成新一轮的吸附。

1.2.1.1 对有机污染物的去除机制

田光明对人工土快滤床的有机污染物去除机制进行了系统研究。结果表明，人工土快滤床对污水 COD 的去除是生物与非生物共同作用的结果。在布水期，非生物作用对 COD 的总去除率平均为 55.1%。这些非生物作用包括过滤作用、物理化学吸附作用、土壤化学氧化及挥发作用等。其中，因 SS 截留的 COD 去除率平均为 48.9%，并且污水的浊度越大，因 SS 截留的 COD 去除率也越高。而生物降解作用可除去 34% 的污水 COD，占 COD 总去除率的 42.3%。

土壤微生物作用优于污水微生物作用。在落干期，被截留在表层土壤的有机物，有 85% 以上在落干过程中被氧化分解掉，有 10% 左右的有机物则是通过非生物作用如光分解作用等被去除的。在落干期，土壤生物对有机质的分解远比污水微生物作用强。在整个运行周期中，好氧菌和厌氧菌都参与了有机物的代谢，但厌氧菌数量远不及好氧菌多。因此，可以认为 CRI 系统是以好氧生物为主导的生物降解过程（刘家宝，2006）。

1.2.1.2 对氮素的去除机制

一般而言，在 CRI 系统中，去除氮的主要机理是硝化反硝化作用。在好氧条件下，氨氮被氧化成硝酸盐；在厌氧条件下，硝酸盐被转化为氮气，完成氮的去除（娄金生，2002）。

在未经处理的原生污水中，含氮化合物存在的主要形式是有机氮和氨态氮。在微生物作用下，含氮化合物相继发生如下反应：

（1）氨化反应。

含氮化合物在氨化菌的作用下，分解转化成氨态氮，这一过程称之为氨化反应。以氨基酸为例，其反应式为：

$$RCHNH_2COOH + O_2 \xrightarrow{\text{氨化菌}} RCOOH + CO_2 + NH_3$$

$$(1-1)$$

（2）硝化作用。

在硝化菌的作用下，氨态氮进一步分解氧化，先后分两个阶段进行，首先在亚硝化细菌的作用下，使氨转化为亚硝酸盐，然后亚硝酸氮在硝化菌的作用下，进一步转化为硝酸氮。整个流程为：

$$NH_4^+ \xrightarrow{\text{亚硝化细菌}} NO_2^- \xrightarrow{\text{硝化菌}} NO_3^- \qquad (1-2)$$

（3）反硝化反应。

在反硝化过程中，硝酸氮通过反硝化菌的代谢活动，可能有两种转化途径，即一种为同化反硝化，最终形成有机氮化合物，成为菌体的组成部分；另一种为异化反硝化，最终产物是气态氮。

1.2.2 CRI 系统的主要优点

1.2.2.1 工艺出水稳定

通过 CRI 工艺处理的出水水质可以达到《生活杂用水标准》（CJ 25.1—89），个别指标如氨氮、COD_{cr} 等，可以达到国家地表水Ⅲ类排放标准。CRI 系统具有出水水质稳定、抗冲击负荷能力强的优点，对污水中的 COD_{cr}、BOD、SS、氨氮及 TP 有较高的去除率。

1.2.2.2 工艺成本低、管理简便

CRI 工艺流程简单，污水经过沉淀预处理后就可以直接进入快渗池进行生化处理；CRI 工艺的缺氧、好氧环境通过淹水和落干实现，无须设置曝气系统，不需要曝气风机设备，运行费用低；CRI 工艺不产生污泥，可以省去建设污泥处理设施的费用，不需要相关的污泥处理设备，同时避免了处理污泥的人工费、污泥处置费、设备维护费等，大大降低了污水处理的成本。因此，CRI 系统具有前期建设成本低、管理便捷、运行成本低的优点。

1.2.2.3 环保的污水处理工艺

没有剩余污泥的产生从根本上断绝了二次污染问题产生的可能，对周围环境影响较小，污水的自由水面接触空气的时间较短（一般小于 6 h/d），系统不用曝气，避免了臭气的扩散对周围人居及大气环境的污染，并且没有噪音产生。

1.2.2.4 施工规模弹性大，抗冲击能力强

不仅可以灵活调整 CRI 工艺池形以适应各种地形，还可以灵活控制水力负荷在一定范围内波动；系统抗冲击的能力强，可应变突发性的水质水量波动，对于污水系统停止运行后，CRI 系统在 3~5 d 内即可迅速恢复正常运行，不需要重新培养微生物。

1.2.3 CRI 系统的主要缺点

实践证明，CRI 系统在处理小城镇生活污水和受污染地表水时具有明显效果，COD_{cr} 去除率在 85%~90% 之间，氨氮去除率在 90% 以上，SS 和 LAS 的去除率在 95% 以上，且效率高，工艺过程简单，投资低，对我国小城镇生活污水和受污染的地表水的处理具有重要应用价值和明显的优势。但 CRI 系统对总氮（TN）去除率较低，仅为 10%~30%，不能达标排放，这限制了其进一步推广应用。氮氧化物排入地表水中，会造成水体的富营养化，引发水体缺氧，影响鱼类生存，同时也可能影响人类的健康。若水中的亚硝酸盐氮过高，饮用此水将和蛋白质结合形成亚硝胺，它是一种强致癌物质，长期饮用对身体极为不利。

CRI 系统去除 TN 效果较差的原因：CRI 系统对物质的

吸附主要集中在上部 50 cm，在污水落干过程中，孔隙中形成负压，空气从上部向下进入，整个系统有机质、氨氮、氧气都表现为从上至下递减，至 50 cm 以下已经甚是微少。上部有机物与氧气充足，好氧菌落丰富，氨氮被很好地吸附并转化为 NO_3^--N，但该层长期处于好氧状态，不利于反硝化细菌的生长。渗滤层下部虽然有良好的厌氧条件，但是缺少碳源，反硝化细菌也不能良好地生长。因此，整个渗滤系统仅能将氨氮氧化为硝态氮，氨氮去除率高而总氮去除率低。

近年来，污水生物脱氮技术已成为水污染控制领域中一个重点，引起了广泛关注。生物脱氮过程主要由两段工艺共同完成，即通过硝化作用将氨氮转化为硝酸盐氮，再通过反硝化作用将硝酸盐氮转化为氮气从水中逸出。当今普遍使用的除氮方法是活性污泥法，即利用硝化细菌、反硝化细菌，以活性污泥为载体，通过搅拌、曝气、闭气厌氧等措施，使氨氮在好氧环境氧化，在厌氧环境还原为氮气排放。CRI 系统本身自带一定的好氧、厌氧环境，渗滤介质也可以作为微生物的良好载体，且不同的介质具备不同的吸附、解吸附特征，其操作更简便、成本更低廉，若能在 CRI 系统中提高氮去除率将有重要价值。为此，本书将就改善污水渗滤途经、改变渗滤介质，利用 CRI 系统自身介质特征，结合活性污泥法成熟理论、工艺，研究提高 CRI 系统总氮去除率。

1.3 人工快速渗滤系统参数设计

1.3.1 渗透介质

污水土地处理系统一般采用天然土层作为渗透介质，但由于天然土层本身的局限性以及场地条件的限制等因素，目前采用人工回填介质代替天然土层的研究和应用发展很快，如构造湿地、地埋式砂滤等。据文献报道，用作土地处理系统的回填介质一般可采用天然砂、人工砂、炉渣和粉煤（袁东海，2005；崔理华，2003）。

CRI 系统也是采用人工回填介质，快速渗滤池是 CRI 系统的主体结构，池中的滤料是 CRI 系统的核心。因此，选择合适的渗滤介质是 CRI 系统成功的关键。CRI 系统渗滤介质的选择一般考虑以下几方面的因素。

1.3.1.1 价格因素

用作 CRI 系统的渗滤介质必须便宜，且容易获得。

1.3.1.2 渗透性能

渗滤介质要求具有良好的渗透性能，以提高水力负荷，减少占地面积。渗透系数 K 值越大，HL 越高，出水质量也会越差。粗砂的 K 值大，HL 也高，但是不能保证出水质量。细砂粒径小，机械过滤效果好，但 K 值越小，系统越容易被堵塞。

1.3.1.3 污染物去除效果

介质的渗透性能越好，其水力负荷越高。但水力负荷太高，又难以保证系统的出水水质。因此，所选择的渗滤介质既要有很好的渗透性能，又要含有一定量的黏土矿物和有机质（唐受印，1998；何江涛，2003），以加强其对污染物的截留和吸附作用；同时也可以保证渗滤介质具有较大的比表面积和高浓度的生物量，从而具有较好的污染物去除效果。此外，氨氮的转化需要消耗碱度，所选择的渗滤介质应含有一定量的钙质，以缓冲 pH 值（Powelson K. David，1997；Michael J. Baker，1998；Christine M. Rust，2000）。张金炳曾在洗浴污水处理中采用河流冲积砂和人工石英砂两种不同的渗滤介质，以研究不同渗滤介质的污染物去除效果。结果表明，河流冲积砂相对于人工石英砂而言，对 COD_{cr} 和 BOD_5 有较高的去除率，且出水水质稳定，耐负荷冲击能力强。这与冲积砂含有一定量的黏土矿物和有机质，吸附能力强有关（张金炳，2001）。

因此，在选择 CRI 渗滤介质时，不仅要考虑介质的大小、渗透性能，还要考虑介质的物理化学性质，如吸附性能。

1.3.2 渗滤层厚度

一般而言，系统的滤层厚度越大，系统的纳污能力越强，水在系统中停留时间也就越长，系统的出水水质就会越好；但同时，滤层厚度的增加会使工程投资费用增加。因此，设计合理的滤层厚度而达到满意的出水水质，是解决这一问题的关键。张金炳等以洗浴污水为研究对象，以河流冲积砂作为渗滤介质，分别研究当滤层厚度为 0.2 m、0.4 m、0.6 m、0.8 m 和 1 m 时，系统对 COD_{cr}、BOD_5 和 LAS 的去除效果。结果表明，滤柱上部的相对去除率较高，往下逐渐下降。这种规律对 LAS 的去除表现得较明显。虽然滤柱对 COD_{cr} 和 BOD_5 的去除率也符合上述规律，但其变化幅度不大，也就是说，整个 1 m 厚的渗滤介质对 COD_{cr} 和 BOD_5 的去除所做的贡献均较大。此结果与有机污染物的降解主要在上部 0.15 m 厚渗滤介质内完成的结论不一致（Arto L.，1993）。由于渗滤层厚度与出水水质和工程造价息息相关，所以确定渗滤层高度与出水水质的定量关系，根据进水水质来科学合理地设计渗滤厚度，是很有必要的。但目前，渗滤层厚度的确定还凭经验来设计。因此，研究在不同的进水水质、不同的水力负荷和干湿比条件下，渗滤层高度与出水水质的定量关系很有必要。

1.3.3　水力负荷周期和干湿比

水力负荷周期是指系统一次淹水和一次落干构成的循环。一般把湿、干延续的时间之比称为湿干比。一旦确定了配水时间和湿干比，也就确定了水力负荷周期。适宜的配水周期与湿干比的确定，是快滤运行的技术关键，决定或影响着快滤系统的水力负荷和处理效果。

目前，对于 CRI 系统的水力负荷周期设计，还是采用经验判断法。吴永锋等提出的水力负荷周期设计方法也可用于 CRI 系统，但对水力负荷求最大值时，可能需要增加一个约束条件，即对出水水质的限制要求（吴永锋，1996）。CRI 系统的污水入渗速率比较大，污水的停留时间比 RI 系统小得多，而且 CRI 系统对污染物的吸附容量比 RI 系统低得多，所以如果只追求最大的水力负荷，就可能引起污染物穿透现象。

因此，应该加强这方面的研究，找到科学的设计方法，可以根据污水水质和处理目标，合理地设计水力负荷周期值。

1.4 已有的改善脱氮效果研究情况

目前国内外强化 CRI 系统脱氮作用的措施主要是在保持其较好硝化作用的同时，增强反硝化作用。

针对 CRI 系统中氨氮去除率较高，而 TN 去除率较低的问题，赵福祥等对 CRI 系统进行了改进。他们在 CRI 系统中后置反硝化段中添加缓释碳源，出水总氮去除率与未添加缓释碳源相比有明显提高。

Christopherson（2002）在冬季采用循环砂滤系统研究显示，污染物的去除效率没有明显下降，额外添加碳源明显提高了脱氮效果。康爱彬（2002）采用三级串联 CRI 系统研究其对污染物的去除效果，得出 C/N 较低是影响提高总氮去除率的限制因素。

方涛等（2006）通过选取适当的分段进水位置及进水比例提高 CRI 系统对氮的去除率。

刘家宝、钟佐燊等（2011）的实验结果显示，绝大多数的有机物在砂样高度 60 cm 以内得到去除，饱水段的设置对有机物去除影响不大，但是对 TN 的去除有了一定的提高。

王禄（2009）对系统中氨氮的去除机理研究显示，系统淹水阶段中氨氮的吸附主要集中在表层 50 cm 以内，然后落干期进行硝化反应，随着下一次进水时流出。

张金炳、陈俊敏（2003）分析认为，CRI系统采用了淹水和落干相交替的运行方式，在落干期系统进行复氧。落干期间，滤层表面和滤层内的水向下渗流，当滤层内的水向下流走后，滤层内的一部分孔隙被腾空，且形成负压，空气便扩散（或对流）进入被腾空的孔隙，CRI系统自然复氧，空气中的氧可扩散至渗池滤层表面以下100 cm深度以下。充足的氧以及丰富的菌群使得CRI系统硝化作用很强，但也导致系统中缺少反硝化反应所需的缺氧环境。

马鸣超、何江涛等（2003）采用16SrDNA的变性梯度凝胶电泳（DGGE）技术研究CRI系统中硝化菌群的空间分布规律。结果表明，氨氧化菌种群随着滤层深度的增加先增多后减少，在20～60 cm存在10种左右，多样性最丰富，是亚硝化作用的主要区域；亚硝酸氧化菌的多样性则相对贫瘠，主要分布在50 cm及更深的范围，优势种群3～4种，是硝化作用的主要场所。

姜昕等用DGGE技术分析CRI系统中微生物种群分布表明，快渗池下部存在较强的硝化作用，而反硝化作用较弱。

目前改进手段主要集中在添加特殊填料、改进组合方式、添加碳源、设饱水层增加厌氧段、优化C/N比和湿干比等，主要是通过增强反硝化来达到脱氮的目的。但是目前除了添加碳源以外均没有良好稳定的效果，同时碳源投加目前也没有一种经济高效且方便的方式。

综上分析可知，CRI系统独特的结构及干湿交替的运行方式使得系统中的硝化作用较强，但由于缺少反硝化所需的碳源和缺氧环境，CRI系统不能进行充分的反硝化作用，导致系统对氨氮去除率较高而对TN去除率较低。

第 2 章　CRI 系统的改进思路

2.1　实验研究改进方向

　　传统 CRI 系统硝化作用很强，反硝化作用很弱，最核心的问题在于缺少厌氧环境与有机碳源，通过研究传统 CRI 系统的脱氮效果、添加厌氧段的 CRI 系统的脱氮效果，以及同时在厌氧段投放碳源的 CRI 系统脱氮效果，确定 CRI 系统脱氮效果与厌氧环境和碳源的定性、定量关系。

　　在了解传统 CRI 系统内部氮素转化和反硝化发生条件后，通过改变 CRI 系统污水处理流程、设计新型 CRI 系统、变更渗滤介质等研究氨氮、总氮去除效果。

2.2　厌氧环境与有机碳源对反硝化的作用与 CRI 系统改进

　　反硝化是以 NO_3^-、NO_2^- 为氧化剂，将其他有机碳源氧化而获得生物能量，相对于消耗氧气，以硝酸盐为氧化剂获得的能量要少得多，所以反硝化细菌在好氧条件下缺乏竞争性，发生的量很少。而在厌氧环境中，不再有好氧细菌竞争，如果有较充足的有机碳源提供能量，则反硝化可以较顺利地进行。厌氧环境与有机碳源是反硝化快速进行的重要条件。很多学者都在提供厌氧环境（改变溶解氧浓度）、添加有机碳源的问题上做过不少研究，甚至部分学者已经在研究好氧反硝化细菌的分离和驯化，种类繁多、方法不一，力求一个科学、有效、简单、廉价的处理工艺，但能有效利用于实际的仍然很少。

CRI 系统要达到厌氧条件十分容易，只需要下段饱水即可，现实中污水很多自身携带十分充足的碳源，但一般被吸附截留在渗滤层表面，只有极少部分能渗入下部厌氧段，不能满足反硝化作用的需要。若在厌氧段添加有机碳源，则必能增强反硝化，提高总氮去除率。但厌氧段一般在渗滤层 1 m 深以下，添加碳源十分不方便。也有学者尝试添加缓释碳源，但也并非长久、稳定的方法，相对于 SBR 反应器，在 CRI 系统添加、维持有机碳源有着诸多不便。但实验中笔者想到借助于 CRI 系统介质本身的吸附解析特征或许可以将污水中的碳、氮分离，这也许是 CRI 系统还未充分利用到的特点，若能将碳、氮分离，并在氨氮氧化后利用污水自身有机碳进行反硝化，就能克服 CRI 系统添加碳源的问题，并节省能源消耗。

2.3　短程硝化反硝化的可能性

生物脱氮过程主要由两段工艺共同完成，即通过硝化作用将氨氮转化为硝酸盐氮，再通过反硝化作用将硝酸盐氮转化为氮气从水中逸出，其反应流程为：$NH_4^+ \rightarrow NO_2^- \rightarrow NO_3^- \rightarrow NO_2^- \rightarrow N_2$。传统生物脱氮过程中硝化作用的最终产物是硝酸盐，反硝化作用以 $NO_3^- - N$ 为电子受体。但从氮的微生物转化过程来看，氨被氧化为硝酸盐是由两类独立的细菌催化完成的两个不同反应，是可以分开的。对于反硝化菌，无论是亚硝酸盐还是硝酸盐均可以作为最终受氢体，因而整个生物脱氮过程也可以经 $NH_4^+ \rightarrow NO_2^- \rightarrow N_2$ 这样的途径完成，人们把经此途径脱氮的技术定义为短程硝化反硝化生物脱氮工艺。短程硝化反硝化生物脱氮工艺比传统生物脱氮过程减少两步，并具有以下优点：①在硝化阶段可节约25％左右的需氧量，降低了能耗；②在反硝化阶段减少了约40％的有机碳源，降低了运行费用；③$NO_2^- - N$ 的反硝化速率通常比 $NO_3^- - N$ 的反硝化速率高 63％左右；④减少了50％的污泥产量；⑤反应器容积可减少 30％～40％左右；⑥可减少投加碱度和外碳源投量。因此，短程硝化反硝化生物脱氧工艺越来越受到国内外污水处理专家的重视，并成为污水生物脱氮研究领域的热点。

　　短程硝化反硝化生物脱氮工艺较传统生物脱氮工艺节省能耗和碳源，特别是在处理低 C/N 比污水方面已获得人们的广泛关注。实现短程硝化反硝化的关键在于抑制硝酸菌增长，从而导致亚硝酸盐在硝化过程中得到稳定的积累。

　　Alleman（1984）提出了选择性抑制理论，其核心是根据硝酸菌和亚硝酸菌对游离氨的敏感度不同，通过控制混合菌群对游离氨的接触浓度，使其高于硝酸菌的抑制浓度，低于亚硝酸菌的抑制浓度，从而获得 NO_2^- 的积累。根据抑制选择性学说，认为通过调整 pH 值控制反应器内游离氨的浓度，能实现亚硝酸的积累。Joanna（1998），李勇智、彭永臻（2002）在实验中通过调高反应器中的 pH 值，实现了短程硝化。Quinlan（2004）通过研究得出在 pH 值约为 8 时，氨氧化菌生长速率达到最大值，pH 较低时，氨氧化菌生长速率急剧下降。

Hanaki（1992）发现在低溶解氧条件下，亚硝酸菌和硝酸菌增殖速率均下降。Laanbroek 等（1996）进一步研究发现，低溶解氧条件下亚硝酸菌大量积累是由于亚硝酸菌对溶解氧的亲和力比硝酸菌强。亚硝酸菌氧饱和常数一般为 $0.2 \sim 0.4$ mg/L，硝酸菌为 $1.2 \sim 1.5$ mg/L。Pollic（1997）等在考察曝气方式对序批式反应器硝化性能的影响时发现，连续曝气时氨同时被氧化为亚硝酸盐和硝酸盐，间歇曝气时氨主要被氧化为亚硝酸盐。Ruiz（2001）等以人工配制高氨氮废水作为处理对象进行了溶解氧浓度对短程硝化的影响实验。结果表明，当溶解氧降至 0.7 mg/L 时，亚硝酸盐积累量达到最大值，而当溶解氧降低到 0.5 mg/L 时，氨氮的去除率受到影响。张小玲、彭党（2002）在 SBR 和 CSTR 反应器中也发现了在低溶解氧条件下，可实现亚硝酸的积累。

Helling（2006）等通过呼吸实验发现，在处理厌氧硝化污泥分离液的系统中，氨氧化反应的最适温度为 40℃左右。Balmelle（2003）研究认为，NO_2^- 积累的最佳温度为 25℃。王淑莹（2002）等通过控制反应器内水温在 30℃～32℃成功实现了短程硝化反硝化生物脱氮，并发现温度保持在 30℃得到短程硝化，在常温下（19.5℃～23.5℃）硝化类型会发生逆转。孙迎雪、徐栋等控制硝化阶段温度在较高温度（30℃）时，可以形成亚硝酸盐的积累。李春杰、耿琰

（2015）采用一体化膜序批式生物反应器 SMSBR 处理焦化废水时获得了稳定高效的 NO_2^- 积累，并提出短程硝化现象并非是由 pH 值和氨浓度或氨负荷所引起，而是由于泥龄太长所产生的微生物代谢产物抑制了硝化反应过程中的硝酸盐细菌的结果，但是并未确定抑制硝化的物质组分。

Pollic 等（1998）在考察充氧方式对序批式反应器硝化性能的影响时发现，随着泥龄的缩短（由 84 d 缩短到 3 d），反应器内的污泥（以 VSS 计）质量浓度逐渐降低（由 0.72 g/L 降到 0.10 g/L），污泥氨负荷（由 0.55 g/g 提高到 5.0 g/g）和污泥氨氧化活性 ［由 3.2 mg/（g·h）提高到 37.9 mg/（g·h）］ 逐渐升高。Van Kempen（2004）等根据 Sharon 工艺生产性应用的经验，推荐将污泥泥龄控制在 1~2.5 d。

另外，废水中酚、氯酸钠等物质也会对硝化过程有一定抑制作用。Hynens（2006）等发现硝化菌与亚硝化菌并存时，在废水中加入 5 mmol/L 的氯酸钠可抑制硝化菌，但对亚硝化菌无影响。但是 Oussama Turk 在游离氨质量浓度为 20 mg/L 的废水中加入 4.2~6.2 mmol/L 的氯酸钠，发现亚硝化菌与硝化菌均受到抑制，亚硝化反应与硝化反应均停止。

综上分析可知，抑制硝酸菌增殖或活性，从而造成亚硝酸菌在硝化系统中占优势的因素主要包括游离氨浓度、pH 值、温度、DO 浓度、污泥泥龄以及抑制剂等。但大部分研究多集中于悬浮式活性污泥系统中，如 SBR、紊动床等。有关 CRI 系统处理污水过程中的亚硝酸盐积累现象及其影响因子作用规律的研究尚未见报道。

不同于活性污泥法，CRI 系统的短程硝化作用不能依靠调整不同生长速率氨氧化菌和亚硝酸盐氧化菌的污泥泥龄实现亚硝酸盐的积累，但能否在 CRI 系统中通过调整氨浓度、温度、DO 和 pH 值等方法抑制亚硝酸盐氧化为硝酸盐实现亚硝酸氮的积累和短程硝化反硝化脱氮呢？在进行"人工快速渗滤系统治理凤凰河二沟污水理论与技术研究"科研课题的研究中发现，CRI 系统在增加湿干比或减少水力停留时常表现出短程硝化反硝化特征。分析认为 CRI 系统独特的结构和运行特点是其能够发生短程硝化反硝化的原因：CRI 系统滤池采用天然河砂、陶粒、煤矸石等为主要渗滤介质代替天然土层，作为过滤和生物氧化的介质和载体，在淹水/落干交替工作方式下运行，进水沿填料推流而下，但在填料孔隙间则为局部紊流，因而在整体上和每一单元填料表面所附着生物膜中都存在着基质和溶解氧的浓度梯度分布，也为各种不同生态类型的微生物在生物膜内不同部位占据优势生态位提供了条件，这些为 CRI 系统实现短程硝化反硝化提供了基础，但对其形成条件、机理等尚不清晰。另外，虽然人们对影响 $NO_2^- -N$ 积累的因素有了一定的认识，但对理论解释还不充分，认识也有所不同，实现短程硝化的长久维持还有待探索。

2.4　厌氧氨氧化的原理及其意义

微生物的全程硝化反硝化脱氮过程可表示为：$NH_4^+ \rightarrow NO_2^- \rightarrow NO_3^- \rightarrow NO_2^- \rightarrow N_2$。在这之中其实有一条捷径：在厌氧条件下，厌氧氨氧化菌（AnAOB）可以使 NH_4^+ 与 NO_2^- 按 1：1 直接生成 N_2，即

相对于全程硝化反硝化，厌氧氨氧化具有以下优点：①大大缩短了流程，减少 50％以上反应容积；②减少了 50％左右的需氧量，降低了能耗；③缩短了反应时间，反硝化速率提高 60％左右；④完全省略外加碳源，污水中的有机物可最大限度地回收甲烷，而不是被氧化为二氧化碳。

值得注意的是，厌氧氨氧化是以 NH_4^+ 和 NO_2^- 为原料的，NO_2^- 既可以来源于 NH_4^+ 的氧化，也可以来源于 NO_3^- 的还原，是否在 NH_4^+、NO_3^-、有机碳源同时存在的情况下，NH_4^+ 能与 NO_3^- 还原产生的 NO_2^- 发生厌氧氨氧化呢？笔者尝试将原 CRI 系统高硝氮出水与含有机碳源的高氨氮原水进行混合反硝化尝试，以期找到这种可能性。

第 3 章 材料和方法

3.1 传统 CRI 系统模型设计

实验初期构建了传统 CRI 系统模型，为方便取样观察，实验采用分段独立的串联式设计，直观地了解传统 CRI 系统其脱氮效果、氮素迁移转化，实验中使用 3 串联与 5 串联渗滤柱模拟实际人工快渗池，如图 3－1 和图 3－2 所示。3 串联与 5 串联砂砾粒径上的差异也可以比较不同粒径对氨氧化的影响。沿程分段检测出水总氮、三氮、COD 的变化，分析其过程。

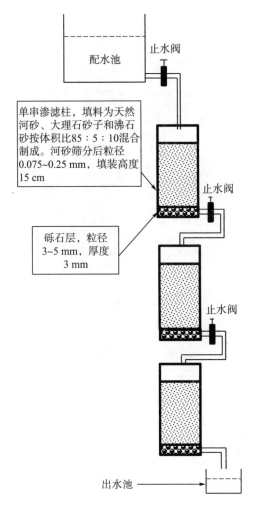

配水池

止水阀

单串渗滤柱，填料为天然河砂、大理石砂子和沸石砂按体积比85：5：10混合制成。河砂筛分后粒径0.075~0.25 mm，填装高度15 cm

止水阀

砾石层，粒径3~5 mm，厚度3 mm

止水阀

出水池

图 3－1　3 串联渗滤柱

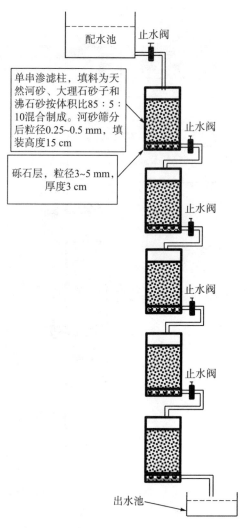

图 3-2 5 串联渗滤柱

3.2　添加厌氧段的 CRI 系统脱氮性能的研究

　　是否厌氧环境是反硝化细菌活跃的必要条件,如非必要,那么在自然界中的 NO_3^- 极有可能已经在有机碳源充足的好氧环境中被还原,即 CRI 系统上部硝化产生的硝态氮就已经在充足的有机质包围下被还原,氮污染治理易将不再困难。本实验针对厌氧环境的必要性制作了添加厌氧段的 CRI 系统脱氮性能的研究,待 3 串联渗滤柱出水水质稳定后,抬高其末端出水口,使第三个渗滤柱饱水厌氧,如图 3-3 所示。

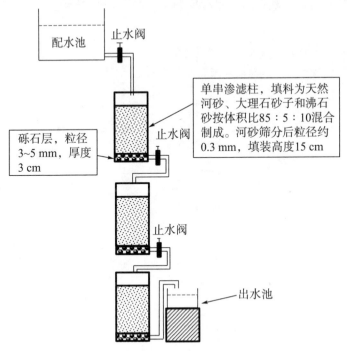

图 3-3　添加厌氧段的 3 串联渗滤系统

23

3.3 厌氧段添加碳源的 CRI 系统脱氮性能的研究

如果厌氧环境是反硝化作用的必要条件，但在缺乏有机碳源的厌氧环境中反硝化也很难进行，那么有机碳源是否也是反硝化作用的必要条件呢？实验在添加厌氧段的基础上又进行了在厌氧段添加有机碳源的实验，待添加厌氧段的 3 串渗滤系统各项指标不再有明显变化，在厌氧段前增加一个中段配水池，于混合池中将上部出水与甲醇溶液混合，由阀门控制混合溶液进入厌氧段反硝化，如图 3-4 所示。

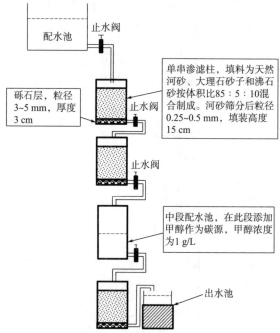

图 3-4　厌氧段添加碳源的 3 串联渗滤系统

3.4　底部进水式 CRI 系统的设计

实验证明，厌氧环境与有机碳源都是反硝化作用不可缺少的因素，传统 CRI 系统由于其运行机制决定了污水有机碳源易被吸附在渗滤层近表层，并在污水落干后渗滤层复氧被氧化，难以进入渗滤层下部参与到反硝化作用中。相对于氨氮，污水中的有机质更易被渗滤层吸附，且很难被解析，这使得在渗滤过程中污水有机质会先一步被渗滤层吸附完。利用这种差异，本实验设计一种在下部进水的渗滤系统，于渗滤层下部厌氧段截留污水有机碳源，保留污水氨氮部分，再将出水回灌至渗滤层上部进行硝化作用，此时下渗的水中硝氮会利用预先截留的有机碳源进行反硝化，以达到提高总氮去除率的目的。装置如图 3-5 所示。

该装置每次将一定量的污水泵至中部混合池，打开混合池止水阀，原水下渗进入厌氧段达成有机质预先截留，同时集水池出水口关闭，收集原水过滤后的水。此时污水中的大部分物质，包括有机碳均大量被吸附于渗滤柱下部，且下部污水有相当一部分物质未能被吸附，而上部被吸附的物质相对较少。若此时直接将污水由集水池出水口排出，按普通 CRI 系统布水、落干的原理进行操作，污染物去除率较低。因此，装置中增加了一套回灌装置，将第一次处理后的污水收集于集水池，由水泵再次将水回灌到渗滤柱上部，再次进行布水、落干的过程，使得氨氮可以很好地被氧化。而第一次进水又使得下部厌氧段有充足的碳源，克服 CRI 系统只有硝化作用，没有反硝化作用的问题。

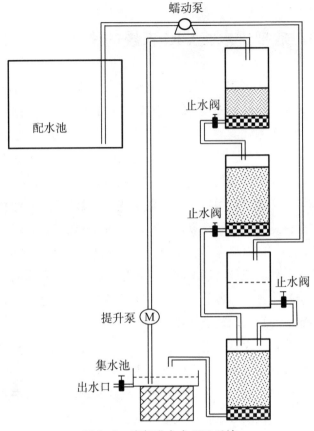

图 3-5　底部进水式 CRI 系统

3.5　限制空气进气量实现短程硝化的 CRI 系统的设计及其依据

较低的溶解氧浓度是发生短程硝化的关键性因素，若能良好地控制渗滤系统中溶解氧的浓度，并保持在一个较低的范围之内，同时辅助以 pH 调控和干湿比控制，那么短程硝化的发生也是可以预期的。控制渗滤系统的溶解氧是一个相对困难的过程，本实验通过密封渗滤系统，并在上部联通一个 U 形水槽，限制进出水过程中空气的交换量，间接控制渗滤系统中氧气的含量，如图 3-6 所示。

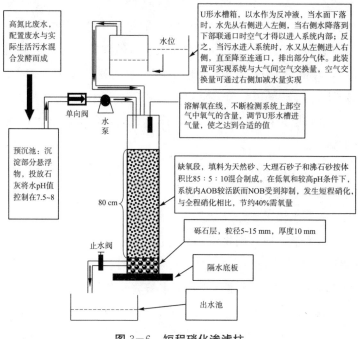

图 3-6　短程硝化渗滤柱

各部分作用如下：

配水池：采集的生活废水氨氮浓度调配在适宜浓度。

水泵：定时定量将原水输送至短程硝化段（通过继电器实现）。

U 形水槽：限制每一次进水、出水过程中兼氧段砂滤层与大气之间的空气交换量，限制空气中氧的进入量。

溶解氧在线仪：检测短程硝化段内氧气含量，通过反馈调节 U 形水槽的水量，使氧气含量约为大气中氧含量的 1/3。

兼氧段砂滤层：实现氨氮的硝化，厚度 80 cm，填料为天然砂、大理石砂子和沸石砂按体积比 85∶5∶10 混合制成。当空气氧气含量为大气中氧含量的 1/3 时，砂滤层水中溶解氧为 0.5～2 mg/L（溶解氧浓度在砂滤层中从上至下递减），在低氧和较高 pH 条件下，系统内氨氧化菌（AOB）较活跃而亚硝酸氧化菌（NOB）受到抑制，使亚硝酸盐积累。

砾石层：粒径 5～15 mm，厚度 10 cm，防止出水口被细砂堵塞。

止水阀：在进水过程中止水，使系统内部产生压力，空气从 U 形槽排出。

U 形水槽工作原理如下：

由于整个短程硝化段相对封闭，进水时内部压力增大，迫使 U 形水槽与短程硝化段联通侧（图中左侧）水进入与大气联通侧（图中右侧），直至水被完全排至一侧时，部分空气溢出；出水时，短程硝化段由于水量排出，内部形成负压，U 形水槽右侧水进入左侧，直至水全部进入左侧时，部分空气进入左侧。通过控制 U 形水槽内的水量可以控制空气交换量，水量越多，则空气进入量越少，实验中将空气交换量控制在 1/4～1/2。

有研究表明，当溶解氧被控制在 0.5～3 mg/L 时，可实现亚硝酸盐的积累，水中溶解氧与大气中氧气分压有如下关系：

$$DO = 1.117 \times 10^{-6} e^{\frac{1746.5}{T+273.15}} \rho_{(O_2)} \qquad (3-1)$$

式中 　　DO——水中氧气溶解量，mg/L；

　　　　T——温度，℃；

　　　　$\rho_{(O_2)}$——氧气分压，Pa。

由式（3-1）可知，当室温为 25℃时，若要达到饱和溶解氧 2.5 mg/L，氧气分压需要达到 6631.5 Pa，大气压中氧气分压达到 21270 Pa，也就是需要达到大气氧气浓度约 1/3 的水平。若要达到溶解氧更低浓度，则可以继续降低空气交换量比。

根据菲克第一定律：

$$J = D\frac{\partial c}{\partial x} \tag{3-2}$$

式中 　　$\frac{\partial c}{\partial x}$——浓度梯度，单位距离浓度的变化量，mol/m^4；

　　　　J——扩散通量，单位时间内通过单位截面的质点数，mol（s·m^2）；

　　　　D——扩散系数，单位浓度梯度的扩散量，m^2/s；

　　　　c——质点数浓度，单位体积质量数，mol/m^3。

由式（3-2）可知，当扩散距离非常短、浓度变化较大时，扩散通量将急剧增大。CRI 系统中砂砾表面水膜非常薄，可认为膜内溶解氧一直处于接近饱和的状态，即通过控制空气中氧气分压可以间接控制 CRI 系统中砂砾水膜溶解氧量。在缺氧条件下，NH_4^+ 在氨氧化菌（AOB）作用下发生短程硝化，产生亚硝酸盐（NO_2^-），而亚硝酸盐氧化菌（NOB）因缺氧活性受到抑制，NO_2^- 得到积累。

3.6 高氨氮污水与高硝氮出水混合反硝化的设想及其依据

厌氧氨氧化反应（Anaerobic Ammonium Oxidation, ANAMMOX）是指以氨作为电子供体，将亚硝酸盐还原成氮气的生物反应。能够进行厌氧氨氧化的微生物，称为厌氧氨氧化菌。厌氧氨氧化是一个全新的生物反应，与反硝化反应相比，电子供体由氨氮取代了有机物，电子受体由亚硝酸盐取代了硝酸盐。厌氧氨氧化菌是一种厌氧型细菌，其对溶解氧非常敏感。在水中溶解氧为 0.5％～2.0％空气饱和度的条件下，厌氧氨氧化活性完全被抑制；氧对厌氧氨氧化的抑制浓度低于 0.5％空气饱和度（Strous，2006）。

厌氧氨氧化技术作为一种经济、高效、绿色的新型生物脱氮技术，它的出现引起了全球环境保护研究者的高度关注，成为国内外污水处理领域的研究热点。自从厌氧氨氧化菌被发现以来，各国学者一直致力于厌氧氨氧化的实际应用研究。基于厌氧氨氧化反应的 SHARON 工艺、CANON 工艺、OLAND 工艺和 DEAMOX 工艺先后问世。厌氧氨氧化技术已在世界各国的污水处理领域得到了部分应用。目前，世界有多个利用厌氧氨氧化技术的污水处理厂在运行，目标废水以污泥硝化液、工业废水（电子废水、味精废水、食品废水等）等高氨氮废水为主。

传统 CRI 系统污水经处理后氨氮（NH_4^+）几乎全部被转化为硝态氮（NO_3^-），在反硝化过程中，硝态氮

（NO_3^-）先转化为亚硝态氮（NO_2^-），再转化为 N_2。理论上将高氨氮（NH_4^+）的污水与高硝态氮（NO_3^-）的出水混合，二者并不会发生反应（或者很难发生，此反应至今未被证明发生）。但是氨氮（NH_4^+）却会在厌氧条件下与反硝化的中间产物——亚硝态氮（NO_2^-）发生反应，即厌氧氨氧化反应。本实验将在 5 串联装置中的第 3、第 4 串联之间增加一个混合配水池，同时将后两段做成厌氧段。研究高氨氮（NH_4^+）污水与高硝态氮（NO_3^-）出水不同比例下，反硝化的出现以及厌氧氨氧化发生的可能性。装置如图 3-7 所示。

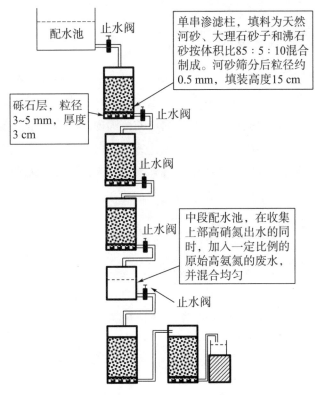

图 3-7　混合进水反硝化装置

微生物的全程硝化反硝化脱氮过程可表示为：$NH_4^+ \rightarrow NO_2^- \rightarrow NO_3^- \rightarrow NO_2^- \rightarrow N_2$。但厌氧氨氧化却走了一条捷径：在厌氧条件下，厌氧氨氧化菌（AnAOB）可以使 NH_4^+ 与 NO_2^- 按 1∶1 直接生成 N_2。

若将厌氧氨氧化机理应用于 CRI 系统，将简化 CRI 系统脱氮过程，提高脱氮效率，降低投资。

3.7 实验废水与指标检测方法

3.7.1 实验废水

本实验用水为人工配置废水和真实生活污水混合发酵而成，使污水在既能含有现实污水中的各种物质的同时，又能将氨氮含量控制在一个相对固定的范围内。配置废水由葡萄糖、可溶性淀粉、乙酸钠、氯化铵、蛋白胨、牛肉膏、硫酸铵、磷酸二氢钾、碳酸钠和自来水配置而成，并与加入了果皮、纸屑等生活垃圾发酵后的污水混合。

3.7.2 指标检测方法

$NH_4^+ - N$：纳氏试剂分光光度法。

$NO_3^- - N$：麝香草酚分光光度法。

$NO_2^- - N$：盐酸 $\alpha-$萘胺分光光度法。

TN：碱性过硫酸钾消解紫外分光光度法。

COD：重铬酸钾法（COD_{cr}）。

3.8 水力负荷设计

水力负荷是单位时间在单位面积上投配的水量，是渗滤系统设计的主要参数，与占地面积、水力停留时间密切相关，提高水力负荷可减少占地面积、降低建设成本。因此，出于经济方面考虑，有必要在满足要求的条件下，尽可能地提高水力负荷。国外研究 CRI 系统常用水力负荷常为 $0.1 \sim 0.5$ m^3/（m^2·d）。而国内张之釜等研究了 CRI 系统在不同水力负荷条件下对 COD、TP、TN 和 NH$_4^+$−N 的去除效果。结果表明，去除率会随水力负荷增大而缓慢下降。传统 CRI 系统水力负荷可达 1 m^3/（m^2·d），实验中为保证渗滤过程中吸附、去除较充分，设计相对保守，具体如下：

（1）为方便对比分析，传统 CRI 系统水力负荷控制在 0.6 m^3/（m^2·d），一天进水 3 次，每次进水 20 cm，每次布水 0.5 h，落干 7.5 h，8 h 的间隔可以保证硝化、反硝化更彻底。

（2）底部进水反硝化渗滤系统水力负荷 0.6 m^3/（m^2·d），一天进水 3 次，每次进水 20 cm，其中污水初次渗滤厌氧段停留时间 1 h，回流进入好氧段硝化 5 h，好氧段出水进入厌氧段反硝化 2 h。

（3）限制空气交换量渗滤系统水力负荷 0.6 m^3/（m^2·d），一天进水 3 次，每次进水 20 cm，其中每次进水过程中底部阀门闭合 1 h，保证系统内空气从 U 形水槽排出，而后打开，污水自然排出。

（4）混合进水反硝化渗滤系统好氧段水力负荷 0.6 m³/（m²·d），一天进水 3 次，每次进水 20 cm，出水与原水 1：1 混合，混合废水厌氧段停留时间 2 h。

第 4 章　数据及分析

4.1　传统 CRI 系统的脱氮性能变化过程

实验中对传统 CRI 系统脱氮流程的体现包括 3 串联和 5 串联两个部分，其中 3 串联三氮、总氮浓度变化如图 4-1～图 4-4 所示，5 串联三氮、总氮浓度变化如图 4-5～图 4-8 所示。

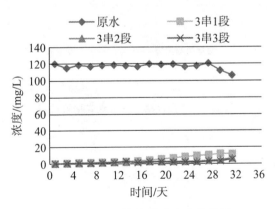

图 4-1　3 串联氨氮浓度变化趋势图

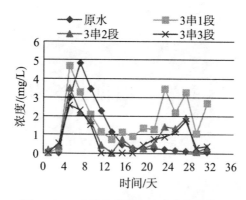

图4-2 3串联亚硝态氮浓度变化趋势图

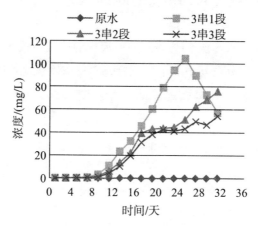

图4-3 3串联硝态氮浓度变化趋势图

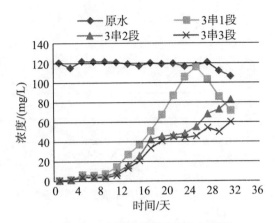

图 4-4 3 串联总氮浓度变化趋势图

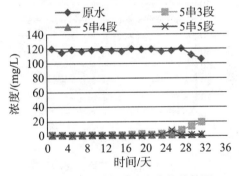

图 4-5 5 串联氨氮浓度变化趋势图

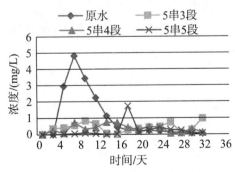

图 4-6 5 串联亚硝态氮浓度变化趋势图

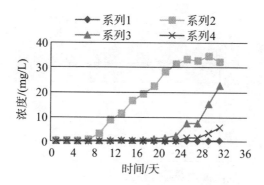

图 4-7　5 串联硝态氮浓度变化趋势图

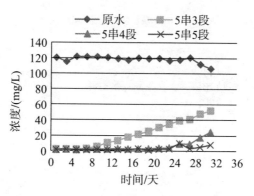

图 4-8　5 串联总氮浓度变化趋势图

实验中初期采用氨氮初始浓度约 120 mg/L 的配置废水作为待处理污水，与发酵水混合后 COD 浓度保持在 300～500 mg/L，分别在 3 串联渗滤柱、5 串联渗滤柱按传统运行方式进行处理，并取 3 串联第 1、2、3 段出水，5 串联 3、4、5 段出水进行检测，其离子浓度变化过程符合其他学者研究结果。3 串联渗滤柱砂粒层厚 45 cm，粒径 0.075～0.25 mm，砾石层厚 15 cm，粒径 3～5 mm；5 串联渗滤柱砂砾层厚 75 cm，粒径 0.25～0.5 mm，砾石层厚 25 cm，粒径 3~5 mm。

3 串联渗滤柱与 5 串联渗滤柱对于氨氮都保持有较高的去除率，去除率随深度增加而提高，但二者去除率都在随时间不同程度地降低。虽然 3 串联渗滤柱砂砾更细，但是渗滤途径更短的渗滤途径使其去除率降低得更快。从 3 串联渗滤柱与 5 串联渗滤柱第三段出水的氨氮浓度变化曲线可以看出，同一深度时，粒径越小，去除率越高。

原水由于一段时间的闭气发酵，在初始 4~12 天里有部分氨氮转化为亚硝态氮，并与 3 串联渗滤柱出水的亚硝态氮关系密切，呈很高的线性关系，而 5 串联渗滤柱的出水却几乎没有受到原水亚硝态氮的影响。笔者认为，这与二者粒径不同有较大关系。

在 3 串联渗滤柱与 5 串联渗滤柱中，硝态氮都表现出随深度增加而降低的趋势，但二者变化曲线大不相同。例如浓度变化，3 串联渗滤柱出水硝态氮浓度要高很多，1 段出水最大达 104.25 mg/L，之后有所回落。然而 2、3 段表现出稳步上升的趋势，3 段在末期也达到 54.47 mg/L。在 5 串联渗滤柱中，3 段出水硝态氮浓度上升要缓慢很多，实验中最大浓度只有 34.49 mg/L，且在之后似乎达到一个平衡，并没有如 3 串联渗滤柱中一样有明显的回落。在 4、5 段中，硝态氮浓度提升十分缓慢，在第 23 天 4 段硝态氮浓度明显提升，5 段出水硝态氮浓度也在同一时间有所增加。

从 3 串联渗滤柱与 5 串联渗滤柱中三氮变化曲线可以看出，更细的渗滤介质对于总氮的去除并没有明显帮助，相反随着渗滤途径的增加，总氮去除率有明显的增加。

在经过 31 天的实验后，随着出水氨氮浓度越来越高，笔者发现原水氨氮浓度已经超过渗滤柱能氧化的上限，过高的 COD 浓度也是造成这一现象的原因之一。因此，在后面的实验中将氨氮浓度控制在 40 mg/L 左右，减少了发酵水的混合比，使 COD 浓度保持在 100~150 mg/L，这也更符合现实中污水的情况。大多数废水并没有如此高的氨氮含量，相对的高氨氮含量的污水也可通过稀释再进行处理。

使用降低浓度的污水在 3 串联渗滤柱与 5 串联渗滤柱中进行渗滤实验，对原水、3 串联 3 段出水、5 串联 5 段出水进行取样观察，其结果如图 4-9 和图 4-10 所示。

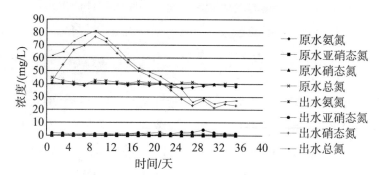

图 4-9　3 串联渗滤柱三氮、总氮浓度变化趋势图

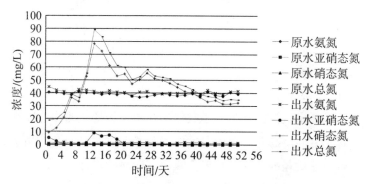

图 4-10　5 串联渗滤柱三氮、总氮浓度变化趋势图

在原水降低浓度的情况下，3 串联渗滤柱与 5 串联渗滤柱出水总氮浓度并没有立刻降低，而是继续升高，到达顶峰后回落，并在相当长的时间里，出水总氮浓度始终高于原水浓度，在缓慢地回落后，二者均在低于原水一定水平的浓度保持平衡，渗滤途径更长的 5 串联渗滤柱达到最终平衡的时间相对更长。渗滤前原水以氮素 NH_4^+-N 为主，渗滤后出水氮素以 NO_3^--N 为主，二者对于氨氮的去除率都比较高，3 串联渗滤柱出水氨氮在 1.0 mg/L 左右，5 串联渗滤柱出水在 1.4 mg/L 左右，对氨氮的去除率分别高达 97.5％和 96.5％。但是对总氮的去除率较低，相对于颗粒更粗的 5 串联渗滤柱，3 串联渗滤柱总氮去除率更高，平衡后总氮去除率有 30.13％～33.41％，5 串联渗滤柱仅有 8.25％～14.51％。

4.1.1 CRI 系统的吸附与解吸附过程

CRI 系统初期对氮的去除以物理吸附为主，砂砾通常带负电荷，游离氨则带正电荷，所有游离氨很容易被砂砾吸附，实验中有渗滤介质中混合的少量沸石，沸石对氨氮有着十分良好的吸附能力，所以实验中渗滤柱对原水氨氮的物理吸附作用很强。物理吸附始终会达到饱和，导致对污水的净化率越来越低，但是 CRI 系统独特的干湿交替环境使得其内部微生物十分发育，污水落干后渗滤介质的孔隙又被空气填满，充满了氧气，颗粒表面又大量吸附有氨态氮，这十分有利于硝化细菌的生长。硝化反应包括两个过程，分别由亚硝酸盐菌（Nitrosomonas）和硝酸盐菌（Nitrosobacter）完成，两种细菌大部分属于自养型微生物，其反应式如下：

$$2NH_4^+ + 3O_2 \xrightarrow{\text{亚硝酸菌}} 2NO_2^- + 4H^+ + 2H_2O \quad (4-1)$$

$$2NO_2{}^- + O_2 \xrightarrow{\text{硝酸菌}} 2NO_3{}^- \qquad (4-2)$$

总反应式：

$$NH_4{}^+ + 2O_2 \xrightarrow{\text{硝化细菌}} NO_3{}^- + 2H^+ + H_2O \qquad (4-3)$$

$NH_4{}^+ \rightarrow NO_2{}^- \rightarrow NO_3{}^-$ 是一个连续的过程，亚硝酸菌的产物能很快被硝酸菌利用，转变成硝酸盐。然而两种菌在活性上差异十分明显，亚硝酸盐氧化所获得的能量相对低很多，而且硝酸菌对氧气浓度更敏感，溶解氧低于 1 mg/L 时已不易进行，导致硝酸菌的繁殖速度要落后很多。实验初期可以明显观察到亚硝酸盐在第 5～7 天以后才会明显出现，而硝酸盐却需要在第 14 天以后才会明显出现。

CRI 系统的脱氮从效果上可以分为 3 个阶段，即启动初期（以渗滤介质吸附为主的物理净化阶段）、启动中期（物理吸附开始饱和与微生物逐渐发育的不稳定阶段）、启动后期（微生物发育完全、生化反应良好的稳定阶段）。

1. 启动初期

实验初期滤料比表面积大、吸附能力强，细小的孔隙使得介质内水流速度较慢。因此，CRI 系统能在这一时期最大限度地吸附原水污染物，相应的出水总氮较低，去除率高达 95％以上。可实际上实验初期污染物只是被截留在渗滤介质中，由于微生物生长繁殖缓慢，污染物并没有被有效地氧化分解。随着渗滤进行，污染物去除率会逐渐降低，若没有生化反应，渗滤介质最终会吸附饱和，除部分悬浮、固体颗粒物等污染物外，大多数污染物会直接穿过渗滤层而得不到有效去除。

2. 启 动 中 期

随着布水、落水的不断进行，越来越多的有机质和氨氮被吸附在孔隙介质内，提供大量的氧气，十分有利于硝化细菌的生长繁殖。此时硝化细菌处于对数增长期，然而由于初始数量很少，其氧化分解量远比不上吸附量。这一阶段仍然以物理吸附为主，但由于吸附能力不断下降，出水水质开始不断变差。通常情况下，这一时期会出现氨氮去除率最低的时期，直至硝酸细菌最终氧化分解能力占优，吸附氨氮被大量氧化分解为亚硝酸盐、硝酸盐，并随水流排出，被解吸附后的颗粒又能重新吸附原水中的氨氮，供硝化细菌反应，使这一过程不断循环。

3. 启 动 后 期

微生物已适应渗滤系统内的环境，活性大大增强；同时，新进入的污水又源源不断地供给营养物质，使微生物数量不会衰减。这一时期，微生物的氧化降解与介质的物理吸附已经达到平衡，若水质、温度等没有明显变化，出水水质也将达到稳定，也就是 CRI 系统正式工作的时间。

在系统整个实验中，氨氮初期以物理吸附被去除，中期由于吸附能力下降、微生物不发育，去除率迅速下降，后期微生物活性不断增加，氧化分解固体颗粒表面的氨氮，使吸附氨氮被解放，同时介质氨氮吸附能力增强，氨氮去除率增加。然而由于微生物氧化只是改变了氮素形态，除初期物理吸附阶段外，系统总氮去除率并不高，在平衡阶段，仅有少量亚硝态氮、硝态氮在反硝化作用下转化为氮气而被真正排出。

也就是说，传统 CRI 系统对氨氮去除效果良好，具备很强的硝化能力，然而其反硝化作用很弱，对总氮的去除率很低。

4.1.2　不同粒径对硝化作用的影响

不同粒径对于硝化作用的进行也有着一定的影响，相对于细颗粒介质，污染物在粗颗粒介质中需要穿过更长的距离才能达到相同的去除率，这使得实验中氨氮在细颗粒介质中分布更集中、更接近表层。介质内氧气量与孔隙率直接相关，孔隙率越大，氧气含量越多，而孔隙率的大小和颗粒的大小没有直接关系，只与其形状、排列有关，统一材质下粗颗粒与细颗粒介质的孔隙率应当是相近的。那么，理论上物质分布更集中的细颗粒渗滤介质中，氨氮氧化反应时所获得的氧气供给就越低，细颗粒渗滤介质内氧化作用要低于粗颗粒介质内部。

这在实验初 3 串联渗滤柱与 5 串联渗滤柱出水的亚硝态氮浓度变化可以得到较明显的对比。原水由于一段时间的闭气发酵，在初始 4~12 天里有部分氨氮转化为亚硝态氮，并与 3 串联渗滤柱出水的亚硝态氮关系密切，呈很高的线性关系，而 5 串联渗滤柱的出水却几乎没有受到原水亚硝态氮的影响。渗滤介质中孔隙率的大小与渗滤介质颗粒大小没有直接联系，也就是说，3 串联渗滤柱与 5 串联渗滤柱孔隙率应当是相近的。由此也可以得知污水下降，渗滤层复氧所得的氧气量也是相近的。然而相同质量下粒径越细的颗粒会有越大的比表面积，5 串联渗滤柱介质颗粒是 3 串联渗滤柱的 2~4 倍，因而后者比表面积可达到前者的 4~16 倍，这代表后者的物质吸附能力也是前者的数倍，虽然有着数倍的吸附能力，但其复氧量却相差无几，导致吸附物质难以被氧化。在前期实验中，还对水样 COD 浓度进行了检测，发酵废水 COD 浓度可达 $300\sim600$ mg/L，过量的 COD 已经消耗了氧气，因而 3 串联渗滤柱中原水中的亚硝酸盐被保留了下来，而 5 串联渗滤柱由于吸附量相对较少，氧气量相对充足，在渗滤柱上 3 段就已经被氧化。

实验中 5 串联渗滤柱内离子浓度相对于 3 串联渗滤柱无论是在初期高浓度条件下，还是在之后降低了浓度的条件下，都表现出了一定的滞后性。更大的孔隙使得氨氮更容易进入介质层中、下段，这些地方与大气之间的联系更微弱，氧气浓度也更低，无论是氨氮还是有机质都更分散，不利于硝化作用的进行，使得其硝化细菌达到活跃需要的周期更长。

从最终的平衡阶段中可以看到，细颗粒的 3 串联渗滤柱比起渗滤层更长的 5 串联渗滤柱总氮去除率反而更高，细颗粒介质内其高密度分布的氨氮、有机物和限量的氧气使得介质内在完成硝化反应后先进入一个缺氧、厌氧的状态，反硝化作用在一定程度上得以进行。如果能够解决堵塞问题，或许减小粒径会在一定程度上增加总氮去除率。

4.2 厌氧环境及有机碳源对反硝化作用的影响

为了验证厌氧环境与有机碳源对反硝化作用的影响，在 3 串联渗滤柱初次达到稳定后，对其进行了改进，取原水和

3 串联 1 段、2 段、3 段出水，检测其氨氮、亚硝态氮、硝态氮、总氮变化趋势，分析其形成原因。

4.2.1 添加厌氧段的实验

3 串联渗滤柱末段饱水厌氧后，其氨氮、亚硝态氮、硝态氮、总氮浓度变化趋势如图 4-11~图 4-14 所示。

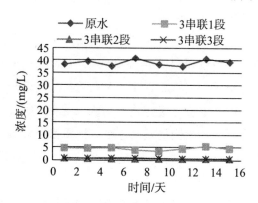

图 4-11 末段厌氧后氨氮浓度变化趋势图

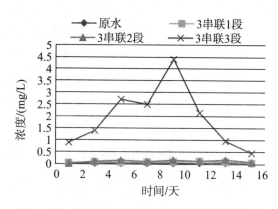

图 4-12 末段厌氧后亚硝态氮浓度变化趋势图

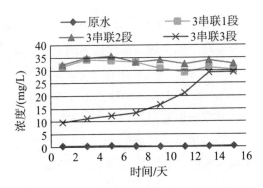

图 4-13　末段厌氧后硝态氮浓度变化趋势图

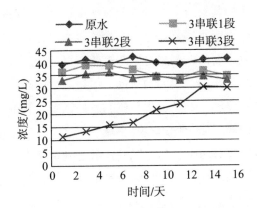

图 4-14　末段厌氧后总氮浓度变化趋势图

　　末段设置饱水段厌氧后，氨氮在整个渗滤层中没有明显的变化，依然集中在渗滤层上部被吸附和氧化。在这一时期，第一段渗滤层已不能完全截留原水中的氨氮，有部分随污水进入第二段中，但在第二段中几乎被完全氧化，并未明显进入第三段中。除了氨氮以外，亚硝态氮、硝态氮均在末段出水中有较大变化，并反映到总氮变化当中。其中变化最明显的就是硝态氮的浓度。在末段饱水后，出水硝态氮浓度迅速下降至 9.7 mg/L，远低于之前出水水质稳定时的浓度

（23.29 mg/L），之后浓度开始升高，而且回升的速度呈逐渐递增的状态，在其浓度接近 2 段出水硝态氮浓度后迅速与之持平。厌氧段出水亚硝态氮浓度则呈现出另外一种趋势：先升高，后降低，在第 9 天达到峰值浓度（4.41 mg/L），之后迅速下滑，其下滑曲线呈逐步放缓的趋势。实验中可以看到总氮初始去除率很高，达到了 71.48%，但是在之后的过程中去除率逐渐下降，最后仅有 27.60%，在之后的时间里甚至会更低。

整个实验装置改变的条件只有一个，那就是将 3 串联渗滤柱末段改为饱水厌氧，这一改变使得系统总氮去除率迅速提高，而且主要的改变量是硝态氮的浓度，说明厌氧环境确实对于反硝化作用有很大的帮助。但在之后的时间里又逐步回落，其主要的影响变量也是硝态氮的浓度，其浓度逐步回升的过程说明反硝化作用在逐步减弱。这说明反硝化作用不仅需要在厌氧环境下进行，同时还需要其他条件，并表现出在消耗一定的物质，而这种物质被消耗殆尽，反硝化作用也随之停止。反硝化作用是耗能反应，其进行需要能量的供应。亚硝酸盐呈现出先增高后降低的过程，作为反硝化作用的中间产物，在饱水初期介质内能量相对较充足，反硝化作用可以直接进行到生成氮气（N_2），因而产生的亚硝态氮很少。但是在反硝化过程中，由亚硝态氮（NO_2^-）到氮气（N_2）需要更多的能量，随着能量来源的消耗，彻底反硝化越来越难以进行，硝态氮被少量积累，之后能量物质越来越少，即便是硝态氮（NO_3^-）到亚硝态氮（NO_2^-）的量也迅速减少。

从整个过程可以看出，厌氧环境促进了反硝化作用的进行，但是却不是其充分条件，反硝化作用是耗能反应，其进行必然有能量物质的消耗，而在渗滤介质中能够提供能量的最优物质便是有机碳源。之后在 3 串联渗滤柱厌氧段上部添加混合池，添加混合甲醛溶液，观察其出水水质变化。

4.2.2　添加有机碳源的实验

实验中为了验证有机碳源对反硝化的促进作用，并观察不同碳氮比条件下反硝化作用的优劣，先后进行了碳氮比为 1∶1、2∶1、3∶1 三个阶段的实验。由于甲醇分子计量简单，且在大多数时候均可作为稳定可靠的能量物质而被广泛使用，所以实验中使用其作为碳源。碳源投放每个阶段为期 10 天，其实验结果如表 4−1 所示。

表 4-1　添加甲醇溶液实验中出水亚硝态氮、硝态氮、总氮变化特征

项目	碳氮比为 1:1 阶段					碳氮比为 2:1 阶段					碳氮比为 3:1 阶段				
时间	2	4	6	8	10	12	14	16	18	20	22	24	26	28	30
NO_2^- (mg/L)	7.57	6.41	5.32	3.32	1.99	2.87	1.91	1.82	1.65	1.47	2.56	1.99	1.43	1.93	1.29
NO_3^- (mg/L)	18.97	16.87	16.46	17.17	19.57	17.55	16.97	14.87	13.43	14.28	11.09	10.77	9.25	9.01	9.84
TN (mg/L)	27.29	24.03	21.78	21.24	22.31	20.98	19.44	17.25	15.64	16.31	14.1	13.21	11.13	11.19	10.78
TN 去除率 (100%)	31.775	39.925	43.475	46.9	44.225	47.55	51.4	56.875	60.9	59.225	64.75	66.975	72.175	72.025	73.05

从数据结果可以看出，添加有机碳源确实可以加强反硝化作用，且其效果与甲醇投入量正相关。与硝化作用相同，反硝化作用也包括两个阶段，分别由硝酸还原菌、亚硝酸还原菌将 NO_3^- 转化为 NO_2^-，再转化为氮气，其在甲醇供能下反应式如下：

$$6NO_3^- + 2CH_3OH \xrightarrow{\text{硝酸还原菌}} 6NO_2^- + 2CO_2 + 4H_2O$$

$$(4-4)$$

$$6NO_2^- + 3CH_3OH \xrightarrow{\text{亚硝酸还原菌}} 3N_2 + 6OH^- + 3H_2O + 3CO_2$$

$$(4-5)$$

总反应式为：

$$6NO_3^- + 5CH_3OH \xrightarrow{\text{反硝化菌}} 3N_2 + 5CO_2 + 7H_2O + 6OH^-$$

$$(4-6)$$

也就是说，在碳氮比为 5：6 时，甲醇就已经可以满足反硝化的需求，但是在实验中低碳氮比并没有完全满足反硝化的需求，实验中出水水质变化如图 4-15 所示，超过反应需求的碳源供应量并没有让反硝化作用彻底进行，仍然需要在更高碳氮比环境中反硝化才会更活跃。

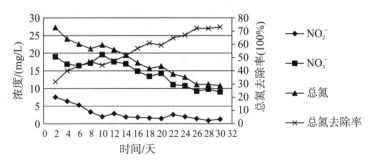

图 4-15　添加甲醇溶液后出水离子浓度与总氮去除率变化

图 4-15 中，亚硝酸盐的积累与马娟、宋相蕊等的发现不谋而合，马娟等研究不同碳源条件下反硝化过程中亚硝酸盐都会不同程度地积累，当进水 NO_3^- 浓度较低（小于 20 mg/L）时，系统内积累量较少，但随着浓度负荷加大，硝酸还原菌与亚硝酸还原菌的活性差别就会体现出来，NO_3^- 总是更快地转化为 NO_2^-。如果排水周期内亚硝酸还原菌还没有来得及将 NO_2^- 转化为 N_2，就会造成出水亚硝酸盐积累现象。因为还原 NO_2^- 比还原 NO_3^- 需要更多的能量，所以亚硝酸氧化菌在氧化分解 NO_2^- 时获能更少，其活性与倍增周期更长，反应更慢，更长的增殖时间和 NO_2^- 还原时间使得初始被彻底还原的氮素很少，总氮去除率并没有多少提高，主要被限制在了 NO_2^- 的还原阶段。

实验初期，亚硝酸虽然有大量的积累，但是在之后的实验中并没有继续提高，而是呈逐步下滑的趋势，这是因为亚硝酸盐的积累对于硝酸还原菌的活性有着较强的抑制，使得硝酸盐、亚硝酸盐会保持一个相对平衡的状态。随着亚硝酸还原菌活性慢慢增强，亚硝酸盐的浓度平衡也被打破，逐渐向更低浓度发展。增加碳源量可以增强硝酸盐向亚硝酸盐转化，但随着碳源量的增加，其效果减弱，且在亚硝酸氧化作用增强后衰减。甲醇一方面在给反硝化细菌提供能量，另一方面过量的甲醇也在抑制硝化细菌的活性，成倍的量并没有成倍的收益。与之前饱水厌氧消耗介质内自身有机质相比，其反硝化速率非常缓慢，不能在相同的时间里完全完成反硝化。实验证明，甲醇并不是反硝化作用的理想碳源。

4.3 底部进水式 CRI 系统的运行及其脱氮效果

4.3.1 分次进水过程中出水各指标的对比与分析

底部进水式装置是 3 串联渗滤柱的改进，其运行方式可以让原水中的 COD、氨氮一定程度上分离，让 COD 保留在厌氧段，供给反硝化作用，达到提高总氮去除率的目的。其污水运行流程为：

原水 $\xrightarrow{\text{途经系统下部厌氧段}}$ 第一渗滤水 $\xrightarrow{\text{返回上部好氧段完成硝化作用}}$

第二渗滤水 $\xrightarrow{\text{回到厌氧段进行反硝化}}$ 最终渗滤水→排出

结果中分别用一滤、二滤、三滤代指第一渗滤水、第二渗滤水、第三渗滤水，其水质变化如图 4-16～图 4-19 所示。

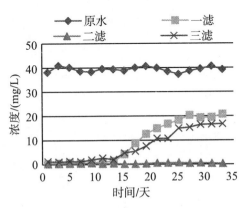

图 4-16 底部进水后氨氮浓度变化趋势图

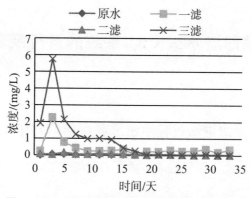

图 4-17　底部进水后亚硝态氮浓度变化趋势图

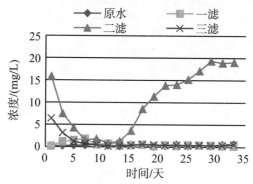

图 4-18　底部进水后硝态氮浓度变化趋势图

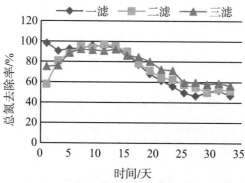

图 4-19　底部进水后总氮去除率变化趋势图

从实验过程中可以看出，底部进水式 CRI 系统确实可以提高总氮去除率，抵达平衡期总氮去除率达 56.61％，末段出水亚硝态氮的积累也说明了厌氧段的硝化作用在原水有机质的帮助下大大加强，然而氨氮去除率却有所降低，去除率仅为 57.31％。由于厌氧段介质对于氨氮和 COD 都有较强吸附作用，导致实验初期第一渗滤水氨氮和 COD 含量都很低，随着介质吸附能力减弱，第一渗滤水氨氮含量才开始慢慢增加，实验初期进入上部好氧段的氨氮量很少，总氮去除以物理吸附为主。第二渗滤水硝态氮浓度的变化也反映了氨氮在系统内的迁移过程。实验初期由于第一渗滤水氨氮含量很少，硝化细菌只能消耗之前介质内吸附的氨氮，并迅速消耗殆尽。出水硝态氮剧烈下滑，在一段时间内处于低谷，随着第一渗滤水氨氮含量增加，好氧段氮源得到补充，硝化作用加强，第二渗滤水硝态氮含量增加，并在厌氧段被很好地反硝化掉。从整个实验过程中可以看到，反硝化作用是很强的，第二渗滤水中的硝态氮几乎被完全反硝化去除，但是第三渗滤水的氨氮含量却很高，得不到去除，影响氨氮、总氮的去除。

4.3.2　CRI 系统氨氮去除率降低的原因

在之前的污水运移流程中可以看到，同一批次的污水会在厌氧段渗滤两次：第一次是原水直接渗滤厌氧段，达到吸附 COD 的目的；第二次是污水回到上部好氧段完成硝化作用后，再次进入厌氧段完成反硝化作用。整个过程中，第一次进入厌氧段的水是氨氮含量很高的原水，第二次进入的第二渗滤水氨氮含量则很低（其中的氨氮已被氧化为硝态氮），相当于同一介质先在高浓度溶液中吸附，后又在低浓度溶液中解吸附。随着物理吸附的慢慢饱和，吸附的同时也会伴随着解吸附，无论是第一次渗滤还是第三次渗滤都会有一定量的氨氮被排出。当吸附饱和后，理论上进入与排出的氨氮量是一致的。但是在系统中一次进入的量会分两次排出，理论上在实验平衡后，第一次进入厌氧段的氨氮量是两次厌氧段出水氨氮的和。由于砂砾对于氨氮吸附能力很强，有很大一部分量的氨氮被吸附在厌氧段中，这就像一个大容器将厌氧段两次进水的氨氮浓度混合，由于两次进水体积相当，第一渗滤水和第三渗滤水氨氮含量也十分接近。

整个系统及其污水运行方式导致氨氮会有部分不能参与到硝化、反硝化作用中，其主要原因是厌氧段介质氨氮吸附能力太强，使得氨氮会在吸附、解吸附进入平衡阶段后被部分转移到第三渗滤水中而直接排除，影响氨氮、总氮的去除率。但是 56.61％ 的去除率并不是想要达到的目的，若能采用对氨氮吸附能力足够低的物质，减少介质内氨氮吸附量，降低氨氮向第三渗滤水的转移率，同时保持对 COD 的吸附能力，则可以在保证反硝化作用的同时减少氨氮的停留，增加其进入硝化、反硝化作用的量，达到提高总氮去除率的目的。

4.3.3　以轮胎颗粒替换厌氧段介质以后的总氮去除率研究

方媛媛、刘玲花等研究了沸石、陶粒、轮胎颗粒、火山岩、蛭石对氨氮、磷的吸附特征。结果表明，填料对氨氮的吸附量从大到小依次为沸石＞火山岩＞蛭石＞陶粒＞轮胎颗

粒。轮胎颗粒的吸附能力很低，其在 40 mg/L 时的吸附量
在 20～30 mg/kg 之间。实验中采用轮胎颗粒作为厌氧段中
的填料继续进行吸附，其水质变化如图 4－20～图 4－23
所示。

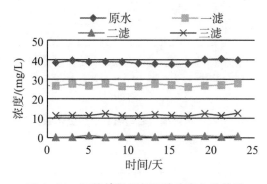

图 4－20　更换填料后氨氮浓度变化趋势图

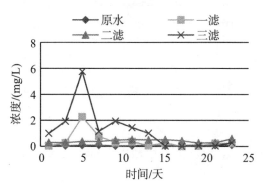

图 4－21　更换填料后亚硝态氮浓度变化趋势图

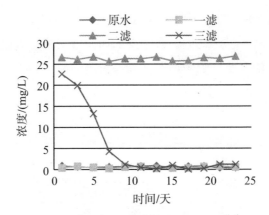

图 4-22 更换填料后硝态氮浓度变化趋势图

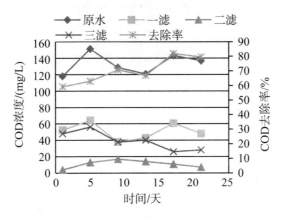

图 4-23 更换填料后 COD 浓度及其去除率变化趋势图

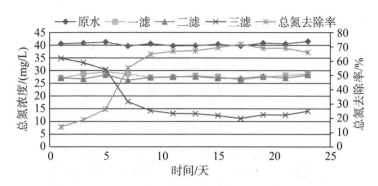

图 4-24　更换填料后总氮浓度及其去除率变化趋势图

更换塑料颗粒作为厌氧段填料后，明显发现氨氮在系统内的滞留时间变短，其吸附作用大大降低，同时也截留部分COD，给反硝化作用提供能量，厌氧段没有硝态氮浓度降低明显。装置稳定后，相比砂滤介质去除率有所提高，总氮去除率为 69.05% ~ 71.84%，氨氮去除率为 68.41% ~ 72.09%，氨氮的去除率仍然是限制整个系统总氮去除的主要因素。若能找到对氨氮吸附能力更低，同时保证 COD 吸附量足够满足反硝化反应的新填料，则底部进水式 CRI 系统总氮去除率可进一步提高。

4.4　限制进气型 CRI 系统效果与分析

4.4.1　亚硝态氮的积累及其变化

出水污水 NH_4^+-N 浓度 112.11~122.94 mg/L，COD浓度 312~560 mg/L，空气交换量控制在进水体积的 1/3，经实验发现氨氮与 COD 浓度均过高，在限制进气的情况下，氧气量不足以满足 COD、氨氮的氧化分解，在第 11 天空气交换量比被提高到 1/2，也仍未见硝化反应，伴随着渗滤进行，出水亚硝酸盐和硝酸盐并没有积累，反而出水氨氮、COD 呈上升趋势，如图 4−25 所示。

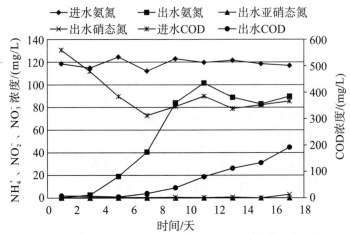

图 4−25　限制进气量 CRI 系统高碳、高氮条件下去除效果图

从图 4−25 中可知，装置出水硝态氮、亚硝态氮均无明显积累，而氨氮在浓度逐渐升高后始终保持低于原水的浓度，且在形态上呈大致平衡的状态，所以系统并非没有发生硝化反应，而是在发生硝化反应的同时，反硝化菌在低氧条件下也在将硝化作用产生的 NO_2^-、NO_3^- 还原成氮气。

在发现高浓度 NH_4^+、COD 条件下氨氮无法有效去除后，实验废水浓度被降低至原来的 1/3，NH_4^+-N 浓度 36.61～42.76 mg/L，COD 浓度 100.4～165.6 mg/L，维持空气交换量为进水体积的 1/2，继续观察系统污水处理效果，在降低原水浓度后，出水 NO_2^--N 明显开始积累，呈增高后下滑的波动曲线，其最高浓度达到了 83.25 mg/L，超

过了原水 NH_4^+-N 进入量，此时硝化作用产生的 NO_2^--N
有很大一部分来自之前高浓度条件下吸附的 NH_4^+-N，在
之后持续下滑，约 10 天后到达低谷，浓度为 1.24 mg/L。
整个实验阶段，NO_2^--N 明显有过很高的积累，但是氧气
明显过量，在实验 23 天后，NO_2^--N 已经不能有效累积，
出水 NO_3^--N 浓度在实验末段始终维持较高水平。这说明
系统内部硝化作用过强，同时硝化作用与有机物氧化分解不
能完全消耗进入的氧气量使 NO_2^--N 会被转化为 NO_3^--N，
达不到短程硝化的效果。

在发现亚硝态氮不能很好地累积以后，实验中降低了空
气交换量，进一步减少了运行过程大气中氧气的进入量，空
气交换量比被控制在 1/4~1/3，意图验证 NO_2^--N 的积累
与氧气交换量之间的关系。实验证明，每次减少空气供应量
都会伴随有 NO_2^--N 的少量积累，但总是在之后的时间里
迅速降低，不稳定，而出水 NO_3^--N 却在减少供氧后浓度
明显降低，出水 COD 总是随空气交换量减少而降低。实验
过程中进出水各指标变化如表 4-2 和表 4-3 所示。

表4-2 降低原水浓度后限制进气型CRI系统进、出水水质变化

时间（天）		1	3	5	7	9	11	13	15	17	19	21	23
原水	NH_4^+-N (mg/L)	40.17	41.53	41.46	41.61	39.82	36.61	37.32	40.82	41.30	37.19	39.67	39.03
	NO_2^--N (mg/L)	1.92	0.12	0.03	0.03	0.04	0.04	0.06	0.19	0.00	0.00	0.04	0.04
	NO_3^--N (mg/L)	0.31	0.45	0.68	0.28	0.56	0.10	0.07	0.52	0.42	0.70	0.28	0.37
	TN (mg/L)	43.97	43.53	42.87	42.90	40.13	37.56	38.51	41.73	43.12	38.72	40.42	39.73
	COD (mg/L)	131.20	142.50	165.60	120.80	100.40	127.60	118.30	133.10	117.70	128.00	152.20	148.80
出水	NH_4^+-N (mg/L)	40.64	62.38	52.05	46.31	38.95	20.90	8.82	2.17	1.83	2.31	2.17	1.45
	NO_2^--N (mg/L)	14.44	24.24	32.24	64.87	75.68	83.25	62.34	42.31	17.56	6.62	2.78	1.24
	NO_3^--N (mg/L)	16.91	19.21	23.77	34.13	48.45	64.68	73.27	68.95	46.69	37.01	28.21	32.17
	TN (mg/L)	74.32	106.09	109.33	146.24	164.60	169.83	146.19	114.47	66.36	46.65	35.19	35.11
	COD (mg/L)	73.20	80.00	68.90	70.80	64.85	48.40	54.98	46.74	32.80	36.21	34.62	40.80

表 4-3 减少空气交换量后限制气型 CRI 系统进、出水水质变化

空气交换量比		1/3							1/4				
	时间	1	3	5	7	9	11	13	15	17	19	21	23
原水	NH_4^+-N (mg/L)	39.68	37.45	39.62	41.24	42.46	40.49	37.56	40.44	40.13	38.56	36.62	40.06
	NO_2^--N (mg/L)	0.04	0.03	0.03	0.01	0.06	0.02	0.06	0.03	0.04	0.03	0.03	0.04
	NO_3^--N (mg/L)	0.52	0.10	0.26	0.36	0.29	0.36	0.52	0.20	0.88	0.75	0.71	0.32
	TN (mg/L)	41.61	37.87	41.11	43.13	44.26	42.37	38.62	40.83	41.23	39.39	38.64	41.62
	COD (mg/L)	151.20	143.25	145.62	117.91	132.31	133.73	132.84	143.89	117.84	114.89	126.17	145.20

续表 4—3

空气交换量比		1/3						1/4					
	时间	1	3	5	7	9	11	13	15	17	19	21	23
出水	NH_4^+-N (mg/L)	1.59	1.21	2.84	1.16	1.02	0.59	1.60	0.62	0.89	0.85	1.28	1.74
	NO_2^--N (mg/L)	5.04	3.07	1.16	0.51	0.01	0.44	4.39	2.53	1.94	0.97	0.88	1.21
	NO_3^--N (mg/L)	29.93	30.71	25.91	21.59	18.99	19.46	14.47	6.08	9.38	1.62	5.91	8.69
	TN (mg/L)	37.71	36.07	30.04	24.14	20.73	21.11	25.19	13.70	16.38	9.56	17.80	20.00
	COD (mg/L)	68.40	67.30	71.84	77.53	53.73	56.87	107.15	86.69	95.12	82.85	87.93	82.88

从实验中可以看到，氧气供应量确实在一定程度上增加了 $NO_2^- -N$ 的积累，却不能形成稳定的效果；相反，随着进入系统内氧气量的减少，氨氮、COD 去除率不断降低，但是总氮去除率却在增加，出水硝态氮减少十分明显。

4.4.2　进、出水氮素的变化规律及其分析

出水的氮素在原水 $NH_4^+ -N$、COD 浓度降低、空气交换量变化的过程中表现出一定的变化趋势，如图 4-26 所示。实验初期，系统空气交换量被控制在进水体积的 1/3，进水氮素以氨氮为主，浓度在 120 mg/L 左右，渗滤系统大量的物理吸附作用使得总氮去除率很好，但随吸附量增大，物理吸附能力迅速减弱，出水总氮浓度迅速升高，此时出水氮素以 $NH_4^+ -N$ 为主，$NO_2^- -N$、$NO_3^- -N$ 浓度很低，均未超过 1 mg/L。在空气交换量比被提高至 1/2 后，出水总氮有小趋势降低，体现为出水 $NH_4^+ -N$ 浓度减少，并维持在相对平稳状态，$NO_2^- -N$、$NO_3^- -N$ 浓度未见明显升高。在这一期间，出水 $NH_4^+ -N$ 始终没有达到进水 $NH_4^+ -N$ 浓度，并在平稳阶段表现出一定的去除效果，但装置在运行过程中交换的空气量不足以满足 $NH_4^+ -N$，COD 量过大也在一定程度上对氧的消耗形成竞争，抑制了氨氧化菌（AOB）的作用。

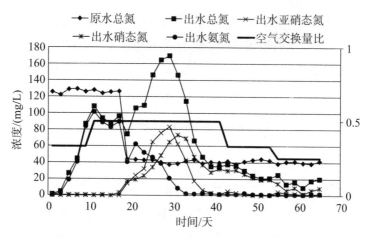

**图 4-26 在空气交换量与原水 TN 浓度变化条件下
出水 TN 变化趋势图**

发现高浓度原水条件下 NO_2^--N 不能积累后，原水被稀释至原来浓度的 $1/3$，而空气交换量比则仍保持 $1/2$ 状态，改变条件后 NO_2^--N、NO_3^--N 浓度迅速攀升，NH_4^+-N 浓度则持续降低，出水 TN 含量不减反升，大大超过原水总氮浓度，出水 TN 量与 NO_2^--N、NO_3^--N 密切相关，与 NH_4^+-N 关系减弱，达到峰值后 TN 又迅速降低，并维持在与原水 TN 浓度相近的水平。这一阶段，NO_2^--N 浓度也迅速降低，TN 以 NO_3^--N 为主，NO_2^--N 虽然在过程中出现较大量积累，但并没有长时间稳定。从最终的平衡状态看，这一阶段总氮去除率最低，硝化作用明显，NH_4^+-N 被大量转化为 NO_3^--N，与高浓度条件下相比，空气交换量比过大，硝化作用过强，没有起到在保证氨氧化的同时，限制亚硝酸氧化的作用。

之后空气交换量比分 $1/3$、$1/4$ 两次下调，下调过程中出水 TN 含量减少，NO_2^--N 虽有少量增加，但没有明显积累，同时 NO_3^--N 浓度逐次降低。这一阶段虽然限制了亚硝酸氧化菌（NOB）的活性，但是 NO_2^--N 却不知所踪。由式（3-1）和式（3-2）可知，渗滤系统内溶解氧浓度已经低于 2.0 mg/L，在线溶氧仪的检测显示内部溶解氧浓度为 0.08~1.88 mg/L，浓度靠近短程硝化实现的适宜浓度，但是出水 NO_3^--N 的存在说明在长时间实验下，亚硝酸氧化菌（NOB）耐低氧能力越来越高。

当氧气含量较低时，硝化作用对氧气的竞争能力明显更强，出水氨氮浓度很低，显示进水 NH_4^+-N 在系统内几乎全部完成了氧化分解，而 COD 却总有剩余，出水 COD 浓度随空气交换量比的减少而增加。

4.4.3 渗滤柱内亚硝态氮积累的影响因素

1. 系统内的厌氧还原作用

NO_2^--N 的积累与硝化过程中亚硝酸氧化细菌（NOB）活性的抑制有关，当反硝化作用存在时，亚硝酸还原菌可以利用有机质将 NO_2^--N 还原为 N_2 排出。图 4-27 显示了不同时间段出水 NO_2^--N 浓度与空气交换量、进水 COD、出水 COD 浓度之间的变化关系。从图中可以看出，NO_2^--N 是在原水 COD 明显降低以后才开始积累，实验初期增加空气交换量并没有使亚硝酸盐积累。过量的 COD 在好氧环境中会氧化分解，氨氧化菌（AOB）竞争空气中的氧，使得有限的氧气不能完全被用于 NH_4^+-N 的硝化，仅有部分 NH_4^+-N 被氧化，同时氧气也会更快耗尽，系统提前进入厌氧状态，部分氧化形成的 $NO_2^- -N$、$NO_3^- -N$ 也会在碳源充足的条件下被反硝化还原。当原水 COD 浓度从 366.15 mg/L 降至 131.20 mg/L 后，进水 COD 的量低于被氧化分解的量，部分 COD 被排出，系统内吸附的 COD 减少，对硝化作用的抑制降低，同时氧气的消耗降低，系统内不能达到厌氧满足反硝化，出水 $NO_2^- -N$ 浓度升高。当空气将换量比降低后，COD 再次促进了反硝化作用，使亚硝酸盐还原。系统内过强的还原作用是限制 $NO_2^- -N$ 积累的重要原因。

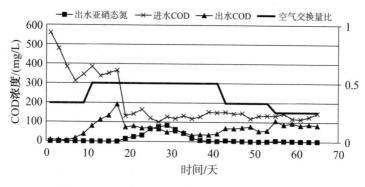

图 4-27　出水 $NO_2^- -N$ 含量与进、出水 COD、空气交换量比变化趋势图

2. 反硝化作用的时间

这一部分在限制进气型实验装置中没有被体现，但是在之前投加甲醇的反硝化实验中有所体现。从 NO_3^- 开始的反硝化作用是由硝酸还原菌和亚硝酸还原菌分别完成，会经过 $NO_2^- -N$ 阶段，但是亚硝酸还原菌不如硝酸还原菌活跃，导致部分 $NO_2^- -N$ 作为中间产物被积累，若反硝化时间充分，亚硝酸还原菌会将积累的 $NO_2^- -N$ 反硝化完毕。但是在这一过程还来不及完成时水就会被排出，从而出现出水亚硝酸盐的积累现象，反硝化速度越快，积累现象越明显，临近硝酸还原菌将 $NO_3^- -N$ 还原完时会有最大积累率。

4.4.4　低氧条件下的同步硝化反硝化现象

在限制进气型 CRI 系统的运行过程中发现，在实验初期和末期，当空气交换量相对进水 TN、COD 较低时，系统内总是伴随着部分氮素被去除，这与文献报道的同步硝化反硝化（SND）现象十分相似。SND 现象是指在一定操作条件下，在同一生物反应器内同时完成硝化和反硝化作用，使污水总氮在一个容器内得到去除。马勇等研究了 A/O 生物脱氮工艺低溶解氧条件下，有机物、氨氮和总氮的去除效果，发现溶解氧浓度是实现短程硝化反硝化和 SND 的关键。当氧气浓度为 $0.3 \sim 0.7$ mg/L 时，SND 较容易发生；当溶解氧浓度大于 1.2 mg/L 时，SND 现象被破坏。

SBR 系统中通过控制好氧段曝气量，使 SND 现象得以发生，可以说硝化与反硝化作用是同时发生的。而限制进气型 CRI 系统中的同步硝化反硝化作用与传统意义上的 SND 现象有所不同，理论上它虽然是发生在同一个容器中，但是硝化作用与反硝化作用并不是绝对的同一时间发生。限制进气型 CRI 系统会在每次进水后自动与大气隔绝，其内部氧气量处于有限状态。复氧初期，系统内溶解氧浓度相对较高，首先完成硝化作用，随着硝化作用和有机质氧化分解，系统内的氧气会逐渐耗尽，系统内会自然转入厌氧，氨氧化停止，有机质氧化过程中因缺少氧气开始以 $NO_2^- -N$、$NO_3^- -N$ 作为还原剂，反硝化菌开始活跃，系统内由硝化作用转为反硝化作用，总氮得到去除。相对于 SBR 工艺，其内部的溶解氧的变化是实现同步硝化反硝化的主要因素，是发生于同一系统内两个不同阶段的过程。

4.4.5　限制进气型 CRI 系统存在的优点与缺点

限制进气型 CRI 系统在处理污水过程中，并未实现 NO_2^--N 的有效积累，未能有效积累的原因在于实验处理的污水中有较高的 COD 含量，在满足适量氧气供应的条件下，在封闭系统内会自然发生由好氧到厌氧的转变，硝化作用积累的 NO_2^--N 会在厌氧后被还原，整个系统很难实现亚硝酸盐的有效积累，实现短程硝化。但是限制进气型 CRI 系统可以在其内部硝化与反硝化作用的转变过程中在同一渗滤周期内去除部分总氮，总氮去除率达 51.95%，并仍有提升空间，氨氮去除效果依然优秀，达 95.66%，是具备一定应用前景的装置。此外，原水中 COD 浓度较高是导致 NO_2^--N 不能有效积累的主要原因，降低原水 COD 浓度或能在一定程度上提高亚硝酸盐积累率，其在处理低碳废水时也有一定的应用空间。装置除需要水泵抬高水位，以及自动化控制的电子设备外，运行过程中没有其他能耗，高效、节能，长期投入成本低，十分适合推广。

但装置目前也还存在着一些问题，其总氮去除率受原水 COD 浓度的影响，当 COD 浓度过高时，硝化作用不彻底，而过低时会出现在好氧阶段有机质已被消耗，不能满足反硝化的情况。另外，系统内 COD 消耗有限，在维持平衡后出水 COD 去除率会有所降低。

4.5 混合进水式反硝化的实验结果与分析

混合进水反硝化的实验装置是在 5 串联渗滤柱的基础上改装得到的，将好氧段高硝态氮的出水与原水进行混合，混合后的污水同时存在 COD、$NO_3^- - N$、$NH_4^+ - N$，混合污水进入厌氧段以后，$NO_3^- - N$ 会在有机质供能条件下发生反硝化，生成 $NO_2^- - N$ 和 N_2。实验的目的是要探讨一种可能性，那就是 $NH_4^+ - N$ 能否与反硝化过程中产生的 $NO_2^- - N$ 发生厌氧氨氧化，以另一种方式去除总氮。

4.5.1 系统运行及去除效果

实验运行中原废水氨氮浓度保持在 38.62～40.90 mg/L，COD 浓度为 118～151.2 mg/L，进行了为期 45 天的观察与分析，直至出水氨氮、硝态氮较稳定后结束实验，其三氮、总氮变化趋势如图 4-28～图 4-31 所示。

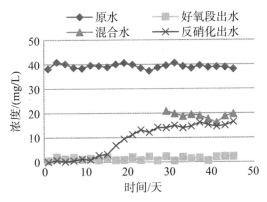

图 4-28 混合反硝化氨氮浓度变化趋势图

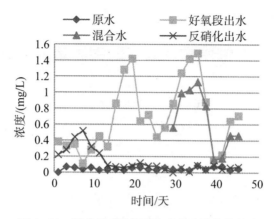

图 4-29　混合反硝化亚硝态氮浓度变化趋势图

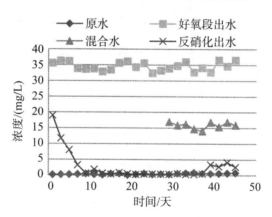

图 4-30　混合反硝化硝态氮浓度变化趋势图

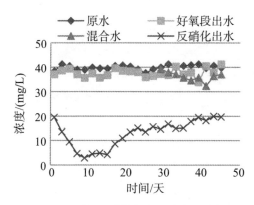

图 4-31　混合反硝化总氮浓度变化趋势图

研究发现，装置本身就具备比较好的总氮去除效果，在混合原水的过程中混合进入的有机碳源有效帮助了硝态氮完成反硝化，厌氧段硝态氮去除效果很好，但是氨氮去除率很低，出水几乎与混合污水氨氮浓度相近。从图中可以看出，好氧段总氮去除率很低，不足 10％，甚至部分反而还有所增加，去除率为－4.15％，这与系统内细菌活性变化有关。在温度或者其他条件变化时，会影响硝化细菌活性，活性较低时会有少量氨氮来不及被硝化，较少硝态氮被排出，出现总氮去除率虚高；同时累积的氨氮会在硝化细菌更活跃的时候氧化分解，出现好氧段总氮出水高于原水的情况。实验后期反硝化段出水硝态氮有少量增长，此时混合污水中有机质的量不足以满足反硝化的需求，说明前期实验中厌氧段已经有部分有机质存在，为反硝化作用供能。当这部分有机质被消耗殆尽，导致反硝化有机碳源不够，少量硝酸盐不能被反硝化而排出。

4.5.2　厌氧氨氧化发生的判断依据

实验发现，即便在实验末期水质基本平衡的阶段，氨氮总会有一部分会在厌氧段得到去除，厌氧反硝化段出水氨氮浓度为 14.03~16.46 mg/L，对比混合水去除量为 1.57~6.86 mg/L，去除率为 9.71％~32.84％。而这一过程中，硝态氮与亚硝态氮并没有增加，而实验装置中也不存在植物吸收的情况，氨氮在厌氧条件下除了厌氧氨氧化以外，目前还没有发现其他的转化途径，所以有理由相信这部分氨氮在厌氧氨氧化作用下被去除掉了。实验总氮去除率为 48.32％~63.05％，而其中 7.92％~18.71％是以厌氧氨氧化的方式被去除，占总氮去除量的 14.80％~36.63％。

4.5.3　厌氧氨氧化作用的分析

厌氧氨氧化反应是在厌氧或缺氧环境中，厌氧氨氧化菌（AnAOB）以 NO_2^--N 为电子受体，氧化 NH_4^+-N 为 N_2 的过程（van de Graff 等，1995；黄孝肖等，2012）。这是一种自养生物脱氮反应，反应过程中无须添加有机碳源，对处理高氨氮废水，特别是有机碳源含量低的废水具有重大的应用价值。传统的厌氧氨氧化反应中常用的工艺包括亚硝化—厌氧氨氧化工艺（Sharon－Anammox 工艺）（Shalini 和 Joseph，2012）和完全自养脱氮工艺（Completely autotrophic ammonium removal over nitrite，简称 CANON 工艺）。Sharon－Anammox 工艺目前应用相对更广泛，它由两个步骤组成：第一步，Sharon 阶段，将 50％~60％的 NH_4^+-N 氧化为 NO_2^--N；第二步，Anammox 阶段，新

生成的 $NO_2^- - N$ 与反应剩下的 $NH_4^+ - N$ 会一起进入一个相对密封的反应生发器中进行厌氧氨氧化反应，产生氮气和少量的 $NO_3^- - N$，两个反应需要在不同容器中完成。CANON 工艺是指在同一反应发生器内，通过控制 DO 浓度实现亚硝化和厌氧氨氧化，全程均由自养菌完成从 $NH_4^+ - N$ 到 N_2 的转化过程。在缺氧环境下，亚硝化细菌（AOB）将 $NH_4^+ - N$ 少量氧化成亚硝氮，同时消耗溶解氧创造厌氧氨氧化过程所需的厌氧环境；产生的 $NO_2^- - N$ 与剩余的 $NH_4^+ - N$ 发生厌氧氨氧化反应生成 N_2（Vazquez－Padin 等，2009）。

由相关文献报道可知，厌氧氨氧化反应需要 $NH_4^+ - N$ 与 $NO_2^- - N$ 在厌氧环境中才会发生反应，传统厌氧氨氧化工艺中 $NO_2^- - N$ 来自 $NH_4^+ - N$ 的部分氧化，是硝化作用过程中的产物，而 $NO_2^- - N$ 并不只来源于硝化作用，在反硝化过程中也可由硝酸还原菌还原 $NO_3^- - N$ 得到，且相对于还原 $NO_3^- - N$，还原 $NO_2^- - N$ 更困难，更容易被抑制。现实中，在厌氧环境与有机碳源存在的条件下，亚硝酸还原菌与厌氧氨氧化菌会形成竞争关系，厌氧氨氧化反应是一个产能更少、更不易发生的反应，其在竞争过程中处于弱势，若能抑制亚硝酸还原菌的活性，增强厌氧氨氧化菌的活性，那么总氮去除将会是一个被大大简化的过程。在传统厌氧氨氧化工艺中，氨氧化是一个极难控制的过程，不仅需要控制 DO 浓度，还需要控制 $NO_2^- - N$ 生成的量，其好氧段还需要较高的 COD（240 mg/L）以抑制亚硝酸氧化菌的活性，操作与控制极其麻烦。但是若能利用高硝氮与高氨氮废水混合反硝化以发生厌氧氨氧化，则硝化过程可以粗放进行，直

接生成 NO_3^--N，降低了工艺难度，且只需氧化一半的污水，减少了曝气量，好氧段出水与原水按体积比混合，省略了产物浓度的检测，反硝化进程缩短，被停留在 NO_2^--N 阶段，降低了对有机碳源的依赖，且大部分污水自身携带的碳源可满足反硝化需求，降低了成本投入。

然而目前反硝化过程中亚硝酸还原菌的抑制尚没有人研究，属于无人探索的领域。目前混合进水反硝化脱氮主要依靠有机碳源彻底还原 NO_3^--N，厌氧氨氧化所占比例很低，氨氮去除效果不甚理想。若要进一步提高厌氧氨氧化所占比例，还需要更深入的研究。

第5章 结 论

TN 包括 NH_4^+-N、NO_2^--N、NO_3^--N 以及部分有机氮，其去除通常包括硝化作用和反硝化作用。传统 CRI 系统因硝化作用很强、反硝化作用很弱，导致 TN 去除率不高，只是由 NH_4^+-N 转化为了 NO_3^--N，改变了氮素的形态，没有很好地去除。实验构筑传统 CRI 系统，观察研究其在不同浓度、不同粒径介质中的迁移转化规律，添加厌氧段、有机碳源，验证其与反硝化作用之间的关系；同时提出利用渗滤介质吸附特性改变污水处理流程，限制空气交换量，限制硝化作用、加强反硝化作用等新的污水处理方式，研究对提高 TN 去除率更经济有效的方法，并在提高 TN 去除率上取得一些成果。通过研究有如下结论：

（1）天然状态下传统 CRI 系统因其硝化作用很强、反硝化作用很弱导致总氮去除效果低，介质颗粒相对更细、孔隙更小的渗透系统反硝化作用更强，TN 去除率更高，而介质颗粒相对较粗、孔隙较大的渗滤系统其反硝化作用较弱，TN 去除率较低，硝化作用更好。降低渗滤介质粒径可以缩短渗滤途径，并在一定程度上增强总氮去除效果，但是也会缩小渗透系数，增大堵塞概率，降低氨氮氧化浓度上限，提高污水预处理要求。实际建设中，需要具体结合实际选择实施。

（2）独立情况下，有机碳源与厌氧环境均不能加强反硝化作用，反硝化作用需要在厌氧环境中并在有机碳源供能下才能更快、更好地发生，添加厌氧段与有机碳源可增强反硝化作用，提高总氮去除率。

（3）底部进水式反硝化系统可有效截留原水有机质并用于反硝化，提高总氮去除效果，但氨氮去除效果降低，总氮去除率为 56.61%，氨氮去除率为 57.31%。以轮胎颗粒作为厌氧段介质后，氨氮、总氮去除率得到提高，总氮去除率为 69.05%～71.84%，氨氮去除率为 68.41%～72.09%，如何降低厌氧段对氨氮的吸附是提高去除效果的关键。

（4）限制进气型装置可在污水进、出水过程中限制外部空气与内部系统的空气交换量，减少氧气进入量，抑制硝化作用，在适宜空气交换量比条件下可保留氨氧化菌活性，抑制亚硝酸氧化菌活性，使亚硝酸盐积累。但是在有机质较充沛的条件下，系统内的氧气会逐渐耗尽，转入厌氧环境，反硝化作用增强，反而会直接去除亚硝酸盐、硝酸盐，同时总氮去除率提高。若要单纯达到短程硝化，减少原水有机碳源必不可少。

（5）通过高硝氮出水与高氨氮废水的混合反硝化实验可以看出，部分氨氮可以与反硝化过程中的亚硝酸氮发生厌氧氨氧化反应，由于其活性受到亚硝酸还原菌的抑制，发生厌氧氨氧化的量很少，比例很低。如何抑制亚硝酸还原菌、增强厌氧氨氧化菌活性是提高厌氧氨氧化率的关键。若厌氧氨氧化率提高，将极大地简便脱氮流程，降低脱氮工艺难度和成本。

参考文献

陈重军，王建芳. 2014. 厌氧氨氧化污水处理工艺及其实际
 应用研究进展 [J]. 生态环境学报，23（3）：521－527.

葛丽萍，邱立平，刘永正，等. 2011. 游离氯对曝气生物滤
 池短程硝化的影响 [J]. 济南大学学报（自然科学版），
 25（4）：336－339.

郭伟，李培军. 2004. 污水快速渗滤土地处理研究进展
 [J]. 环境污染治理技术与设备，5（8）：1－7.

高景峰，彭永臻，王淑莹，等. 2001. 以 DO、ORP、pH 控
 制 SBR 法的脱氮过程 [J]. 中国给水排水，17（4）：6－11.

贺锋. 2002. 复合构建湿地运行初期理化性质及氮的变化
 [J]. 长江流域资源与环境，11（3）：279－283.

何江涛，钟佐燊，汤鸣皋，等. 2002. 人工构建快速渗滤污水
 处理系统的试验 [J]. 中国环境科学，22（3）：239－243.

何江涛，钟佐燊，汤鸣皋，等. 2001. 污水土地处理技术与
 污水资源化 [J]. 地学前缘，8（1）：155－161.

何江涛，张达政，陈鸿汉. 2003. 污水渗滤土地处理系统中的
 复氧方式及效果 [J]. 水文工程地质，2003（1）：103－109.

康爱彬，杨雅雯. 2009. 三级串联人工快渗系统处理养殖废

水 [J]. 环境工程学报，2009，3（3）：475—478.

洛灵喜，刘欢. 2013. CRI 系统反硝化细菌的筛选及脱氮性能研究 [J]. 水污染防治，12（1）：9—13.

牟新民，黄培鸿，张金炳，等. 2003. 人工快速渗滤系统处理深圳市茅洲河水的试验研究 [J]. 应用基础与工程科学学报，11（4）：370—376.

马娟，宋相蕊，李璐. 2014. 碳源对反硝化过程 NO_2^- 积累及出水 pH 值的影响 [J]. 中国环境科学，34（10）：2556—2561.

马勇，王淑莹，曾薇，等. 2006. A/O 生物脱氮工艺处理生活污水中试（一）短程硝化反硝化的研究 [J]. 环境科学学报，26（5）：703—709.

潘彩萍，王小奇. 2004. 人工快渗处理牛湖河水的实践 [J]. 中国给水排水，20（9）：71—72.

蒲贵兵，吕波，何东. 2011. 三峡库区乡镇生活污水人工快渗处理中的氮素转化 [J]. 水资源保护，27（1）：34—45.

裴廷权，王波，刘欢. 2014. 固体缓释碳源处理低碳氮比污水的脱氮及机理 [J]. 环境工程学报，8（6）：2423—2428.

司圣飞，陈永青，刘康怀. 2011. 人工快渗处理城镇污水的优化技术研究 [J]. 给水排水，37：235—238.

汪贵和，方涛，陈晓国，等. 2012. 分段进水对人工快渗系统脱氮效率的影响 [J]. 环境工程学报，6（11）：3999—4005.

王栎雯，刘康怀，司圣飞，等. 2013. 人工快渗系统优化填料组合试验研究 [J]. 安全与环境工程，20（6）：81—84，89.

巫恺澄，吴鹏，沈耀良，等. 2015. ABR 耦合 CSTR 一体化工艺好氧颗粒污泥亚硝化性能调控及稳态研究 [J]. 环境科学，36 (11)：4195−4201.

王淑莹，孙洪伟. 2008. 传统生物脱氮反硝化过程的生化机理及动力学 [J]. 北京工业大学学报，14 (5)：732−736.

王淑莹，黄惠珺. 2010. DO 对 SBR 短程硝化系统的短期和长期影响 [J]. 北京工业大学学报，36 (8)：1104−1109.

王淑莹，曾薇. 2002. SBR 法短程硝化及过程控制研究 [J]. 中国给水排水，18：1−5.

王亚宜，黎力. 2014. 厌氧氨氧化菌的生物特性及 CANON 厌氧氨氧化工艺 [J]. 环境科学学报，34 (6)：1362−1371.

许光辉，郑洪元. 1986. 土壤微生物分析方法手册 [M]. 北京：中国农业出版社.

喻治平，赵智杰，杨小毛. 2005. 人工快速渗滤池微生物活性的研究 [J]. 中国环境科学，2005，25 (5)：591.

杨朝晖，高峰. 2005. 短程硝化反硝化去除高氨氮猪场废水中的氮 [J]. 中国环境科学，25 (Suppl.)：43−46.

张虎成. 2004. 人工湿地生态系统污水净化研究进展 [J]. 环境污染治理技术与设备，5 (2)：11−14.

张之釜. 2008. 污水的土壤渗滤法处理工艺运行与模拟研究 [D]. 上海：复旦大学.

张金炳，张永华，杨小毛. 2004. 用人工快速渗滤系统处理受污染河水的试验研究 [J]. 华北水利水电学院学报，25 (3)：65−67.

张金炳，黄培鸿，杨小毛. 2003. 东莞华兴电器厂生活污水人工快渗处理系统 [J]. 环境工程，21（6）：32-35.

郑俊，吴浩汀，程寒飞. 2002. 曝气生物滤池污水处理新技术及工程实例 [M]. 北京：化学工业出版社.

张淼，彭永臻，张建华，等. 2016. 进水 C/N 对 A~2/O-BCO 工艺反硝化除磷特性的影响 [J]. 中国环境科学，5：66-72.

郑平，徐向阳，胡宝兰，等. 2004 新型生物脱氮理论与技术 [M]. 北京：科学出版社.

郑平，冯孝善. 1998. ANMMOX 流化反应器性能的研究. 环境科学学报，18（4）：367-372.

曾薇，彭永臻，王淑莹. 2000. 以溶解氧浓度作为 SBR 法模糊控制参数 [J]. 中国给水排水，16（4）：5-10.

曾薇，张洁，纪兆华，等. 2016. MUCT 工艺处理生活污水短程脱氮的实现及硝化菌群动态变化 [J]. 化工学报，16（6）：168-174.

Ahn Y H. 2006. Sustainable nitrogen elimination biotechnologies：A review [J]. Process Biochemistry，41（8）：1709-1721.

Akgul D, Aktan C K, Yapsakli K，et al. 2012. Treatment of landfill leachate using UASB-MBR-SHARON-Anammox configuration [J]. Biodegradation，24（3）：399-412.

Chen Y P，Li S，Fang F，et al. 2012. Effect of inorganic carbon on the completely autotrophic nitrogen removal over nitrite (CANON) process in a sequencing batch biofilm reactor [J]. Environmental Technology, 33 (23): 2611-2617.

David G W, Gerald E S J. 2015. Hydroxylamine addition impact to Nitrosomonas europaea activity in the presence of monochloramine [J]. Water Research, 68 (1): 719-730.

Eum Y, Choi E. 2002. Optimization of nitrogen removal from piggery waste by nitrite nitrification [J]. Wat. Sci. Tech, 45 (12): 89-96.

Giulio M, Nick S, Jan A O. 2007. Empirical model of the pH dependence of the maximum specific nitrification rate [J]. Process Biochemistry, 42 (12): 1671-1676.

Holman J B, Wareham D G. 2005. COD, ammonia and dissolved oxygen time profiles in the simultaneous nitrification/denitrification process [J]. Biochemical Engineering Journal, 22 (2): 125-133.

Hwang Sunjin, Hanaki Keisuke. 2000. Effects of oxygen concentration and moisture content of refuse on nitrification, denitrification and nitrous oxide production [J]. Bioresource Technology, 71 (2): 159-165.

Hyungseok Yool, Kyu-hong Ahn, Hyung-jib Lee, et al. 1999. Nitrogen removal from synthetic wastewater by simultaneous nitrification and denitrification (SND) via nitrite in an intermittently-aerated reactor [J]. Water Research, 33 (1): 145−154.

Ozacar M. 2003. Equilibrium and kinetic modeling of adsorption of phosphorus on calcined alunite [J]. Adsorption, 9: 125−132.

Pochana, Klangduen, Keller Jürg. 1999. Study of factors affecting simultaneous nitrification and denitrification (SND) [J]. Wat. Sci. Tech. , 39 (6): 61−68.

Sinha B, Annachhatre A. 2007. Partial nitrification − operational parameters and microorganisms involved [J]. Rev. Environ. Sci. Bio/Technol, 6 (4): 285−313.

Strous M, Pelletier E, Mangenot S, et al. 2006. Deciphering the evolution and metabolism of an anammox bacterium from acommunity genome [J]. Nature, 440 (7085): 790−794.

Van Cuyk S, Siegrist R, Logan A, et al. 2001. Hydraulie and purifieation behaviors and their intereations during wastewater treatment in soil infiltration systems [J]. Water Research, 35 (4): 953−964.

Wen L X, Jian Q Z, Yun L. 2011. $NH_3^- - N$ degradation dynamics and calculating model of filtration bed beight in constructed soil rapid infiltration [J]. Chinese Geographical Science, 21 (6): 637−645.

Stumm W, James J. 1996. Aquatic chemistry: Chemical

equilibria and rates in natural waters [M]. 3rd edition. New York: Wiley interscience.

Xu G J, Xu X C, Yang F L, et al. 2011. Selective inhibition of nitrite oxidation by chlorate dosing in aerobic granules [J]. Journal of Hazardous Materials, 185 (1): 249—254.